寄语

孩子们，快到菜市场里去，到食物最多的地方去，去看、去吃、去玩。

——**乱师**

云南饮食田野调查员
《舌尖上的中国》《风味人间》美食顾问

菜市场是一座触手可及的自然博物馆，愿每一位小朋友都能在这里发现自己的兴趣！

——**李攀**

浙江大学副教授
浙江省植物学会秘书长

希望每个孩子都能从身边的菜市场开始，在有温度的生活里，收获探索万物的乐趣。

——**陈瑶**

菜市场是最接地气的博物馆，小朋友快去了解里面的千滋百味吧！

——**陈玉都**

菜市场是人与万物连接的地方，愿人人都能在菜市场里找到想要的生活。

——**於菟来了**

陈　瑶◎著
陈玉都　於菟来了◎绘

菜市场里有万物

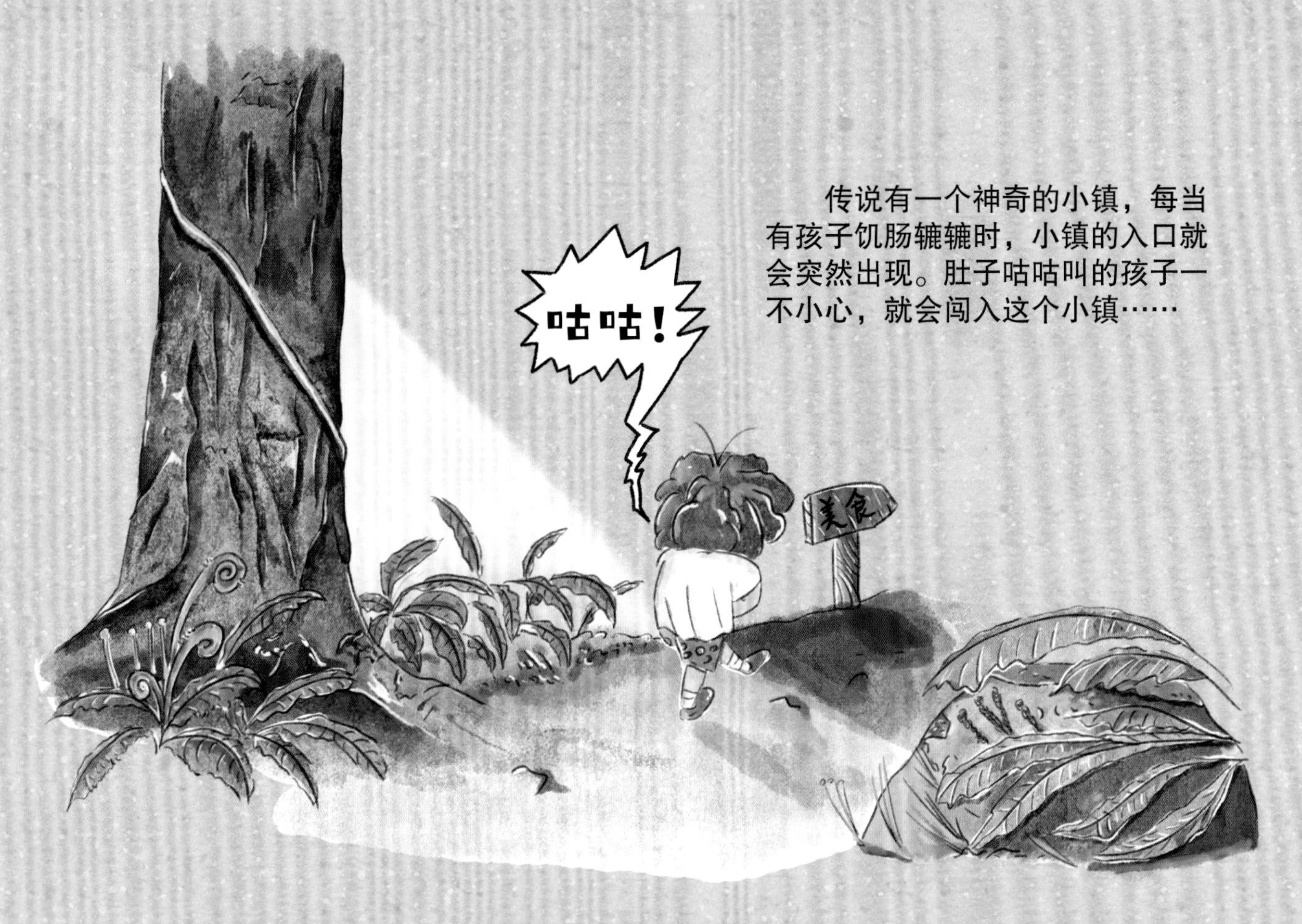

传说有一个神奇的小镇，每当有孩子饥肠辘辘时，小镇的入口就会突然出现。肚子咕咕叫的孩子一不小心，就会闯入这个小镇……

北京科学技术出版社
100层童书馆

图书在版编目（CIP）数据

菜市场里有万物 / 陈瑶著；陈玉都，於菟来了绘. 一北京：北京科学技术出版社，2024.4（2024.10重印）
ISBN 978-7-5714-3767-1

Ⅰ. ①菜… Ⅱ. ①陈… ②陈… ③於… Ⅲ. ①饮食－文化－中国－儿童读物 Ⅳ. ① TS971.202-49

中国国家版本馆 CIP 数据核字（2024）第 043509 号

策划编辑：沈 韦
责任编辑：金可砺
营销编辑：刘 峥
图文制作：霸王花工作室
责任印制：李 茗
出 版 人：曾庆宇
出版发行：北京科学技术出版社
社　　址：北京西直门南大街 16 号
邮政编码：100035
ISBN 978-7-5714-3767-1

电　　话：0086-10-66135495（总编室）
　　　　　0086-10-66113227（发行部）
网　　址：www.bkydw.cn
印　　刷：北京顶佳世纪印刷有限公司
开　　本：889 mm × 1194 mm　1/16
字　　数：63 千字
印　　张：5
版　　次：2024 年 4 月第 1 版
印　　次：2024 年 10 月第 3 次印刷

定　　价：98.00 元

目录

星光小镇

夏日的清晨，星光小镇的居民们还沉浸在静谧的梦乡之中。突然，獾（huān）太太家门前传来一阵吵闹声。獾太太打开门一看，居然有个小怪物在门口嗷嗷大叫！

不知道从哪里冒出来一个小怪物，在獾太太家门口吵闹个不停，把星光小镇的居民们都吵醒了。獾太太犯了难……
这小怪物一定是饿坏了，带他去买点儿吃的吧！
可是，该给他吃什么呢？这样的小怪物，我可没见过。
獾先生

顾不上那么多了，还是先想办法让这个小怪物停止吵闹吧！獾太太决定先去菜市场的兔子蔬果铺，找兔子老板碰碰运气。
我好饿，我要吃东西！
小怪物

兔子蔬果铺

兔子蔬果铺就在一棵古老的银杏树中。没有人知道这棵大树已经多少岁了，只知道它高得看不到树梢。

时候尚早，店铺还没开始营业，但是大门却敞着。獾太太带着小怪物走了进去。树屋里面分为三层，琳琅满目的蔬菜和水果分门别类地摆满了整个店铺。
好高呀！
听说兔子老板不光是个精明的商人，更是个博学的美食家。因此，吃什么听他的，准没错！

獾太太向兔子老板说明了来意，但是到底应该买哪种食物呢？獾太太被难住了。此时，小怪物伸手便要去拿摊位上的水果……
该吃什么？那还用问？当然是水果和蔬菜啦！我带您挑……
糟糕！没洗干净的水果可不能吃！
兔子老板
电扇的扇叶上绑着红色丝带。随着电扇的转动，红色丝带舞动起来，这样一来小虫子就不敢靠近啦！
我饿了！我饿了！我要吃东西！

水果的类型

刚才真是唐突了，但这小怪物到底喜欢吃什么呢？
没关系，我来给您介绍水果的类型。

×1 单果

由一朵花中的一个子房发育而成的单个果实称为“单果”。根据果皮是否肉质化，果实可分为肉果和干果。单果的肉果又可分为柑果、浆果、核果、梨果和瓠（hù）果等。

柑果

有着像皮革一样的果皮，而且有芳香气味。

浆果

外皮薄薄的，果肉鲜嫩多汁。

核果

中间只有一个核的水果类型。

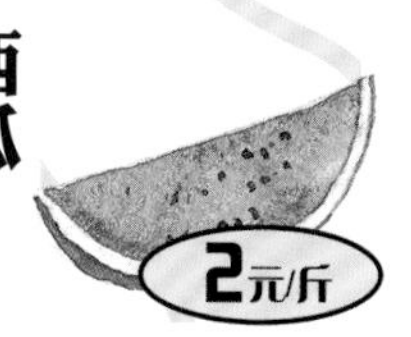

梨果

果实里有五个小“房间”，每个“房间”中有两枚种子。

瓠果

所有的瓜都属于这个类型。

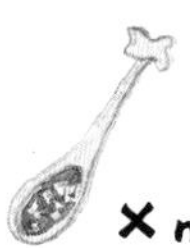

×n 聚合果

由一朵花中多数离生雌蕊发育而成的果实，每个雌蕊都形成一个独立的小果，集生在膨大的花托上。

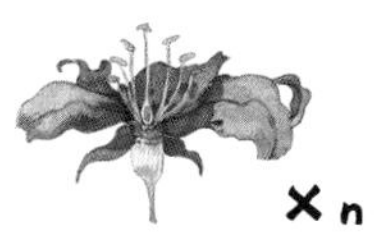

×n 聚花果

由一整个花序（很多朵花）形成的复合果实。

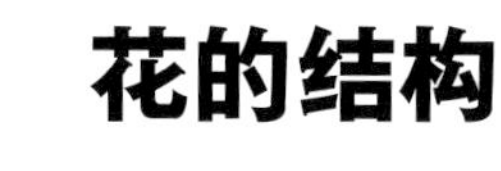

花的结构

果实是由植物的花发育而来的，一般都由雌蕊中的子房发育而成，也有些植物的果实是由子房、花托等共同发育而成的。

花瓣
花朵最漂亮的部位。

花托
托起一朵花的部位。

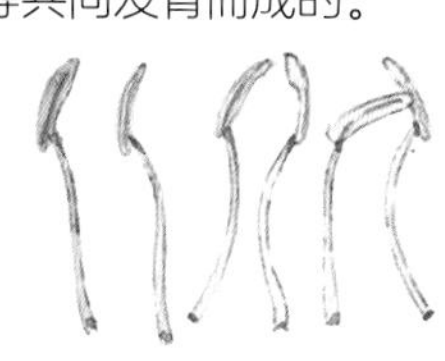

雄蕊
产生花粉的部位。

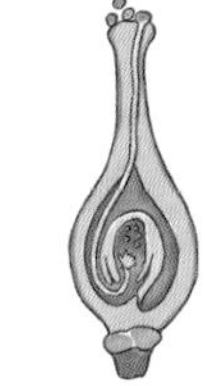

子房
孕育种子的部位。

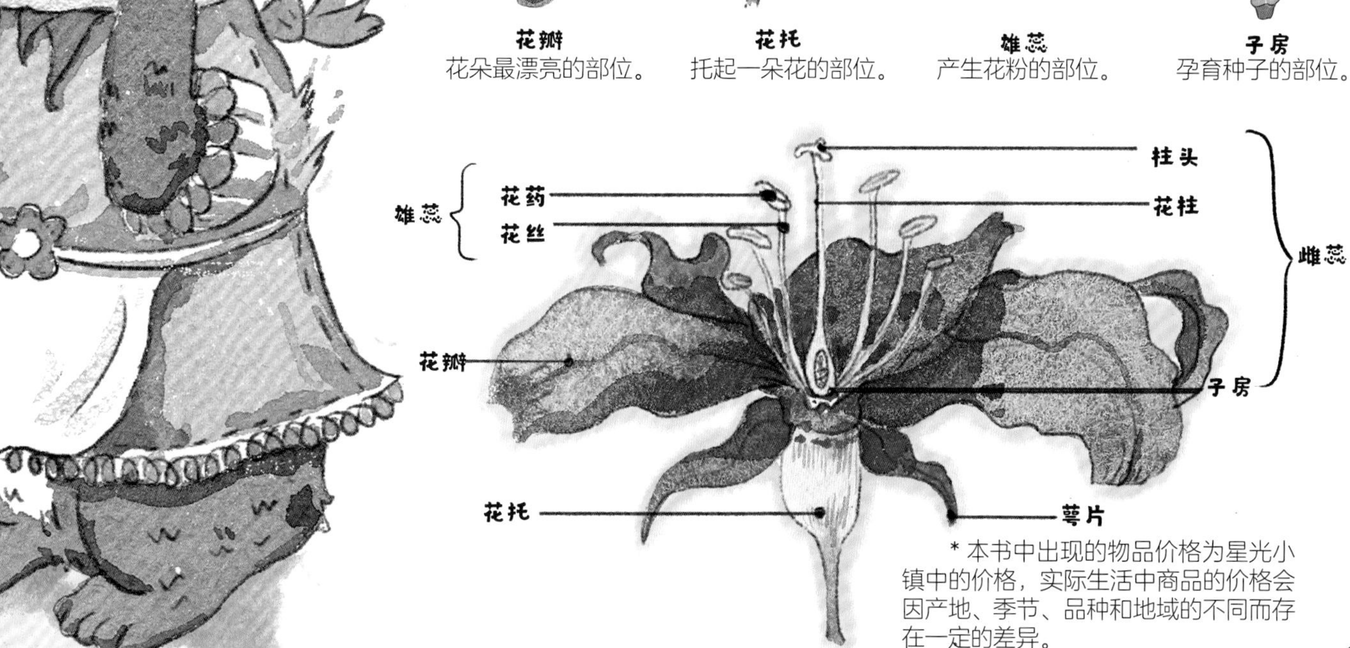

* 本书中出现的物品价格为星光小镇中的价格，实际生活中商品的价格会因产地、季节、品种和地域的不同而存在一定的差异。

“光吃水果可不够。”兔子老板边说边带着獾太太和小怪物来到了二楼。一上楼，只见新鲜的蔬菜摆满了货架。小怪物拿起一根辣椒就想往嘴里塞。
当心，这个辣椒会让你的舌头吃苦头的！
当然啦！这些可都是我们日常生活中不可或缺的蔬菜。我想即使对小怪物来说，也不例外！
巨菜谷位于美国阿拉斯加州安哥拉东北部的麦坦纳加山谷。因为这里的植物都异常高大且生长迅速，所以被人们称为“巨菜谷”。
1
3
2
辣椒在长期的自然选择中演化出了合成辣椒素的能力，可以使哺乳动物感觉到辣而不去取食，鸟类则不受其影响。
这样一来，辣椒的种子就能够随着鸟类的迁徙而传播。
让你尝尝我的厉害！

2楼
1楼
说起来，獾宝宝小时候会喝南瓜汤，吃甘蓝、西红柿……小怪物也可以吃这些蔬菜吗？

根据植物的结构，蔬菜也可以分为很多类型呢。

植物的结构？兔子老板，快讲一讲！

植物结构

植物的结构分为两大部分：营养器官和繁殖器官。

繁殖器官：花、果实

营养器官：茎、叶、根

茎是运输水分和营养物质的部位，还起到支撑植物的作用。

花和果实的作用是繁衍下一代。

叶是植物进行光合作用和呼吸作用的部位。

根是植物最先长出来的部位，主要起到吸收土壤中水分和营养物质的作用。

蔬菜的类别

按照植物可食用的部位，可以将蔬菜分为这五种类型。

根茎类

胡萝卜

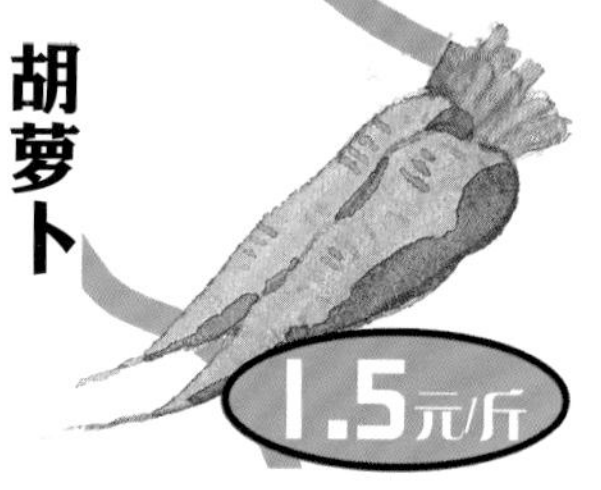

1.5元/斤

茎或者根可食用的蔬菜，常见的代表有胡萝卜、甘薯、莴笋、莲藕、洋葱等。

叶菜类

韭菜

1元/斤

叶片及叶柄部位可食用的蔬菜，常见的代表有白菜、韭菜、菠菜等。

芽苗类

黄豆芽

5.5元/斤

幼苗可食用的蔬菜，常见的代表有黄豆芽、绿豆芽、香椿芽等。

花菜类

西蓝花

3.2元/斤

花朵部位可食用的蔬菜，常见的代表有西蓝花、花椰菜、黄花菜、韭菜花等。

果菜类

南瓜

1.7元/斤

果实及种子可食用蔬菜，常见的代表有南瓜、茄子、大豆等。

2楼
1楼
蔬菜售卖区还有一个菌菇货架，这里的菌菇种类也非常丰富。接待他们的是有着丰富菌菇种植经验的兔子爷爷。
那可绝对不行！想吃蘑菇还是要从商店购买，货架上的都是可食用的蘑菇，经过我的培育，口感鲜美……喀喀，没有人不爱蘑菇的鲜美味道。
兔子爷爷

什么是蘑菇?

蘑菇是一类大型真菌。在我们的生活中，蘑菇随处可见，目前共发现了 7 万多种。

蘑菇不能随便吃

误食毒蘑菇可能比被毒蛇咬伤还可怕！来源不明的蘑菇、没吃过或不认识的野生蘑菇，不要轻易购买或食用。吃完蘑菇后若感到不适，应立即催吐并前往医院治疗。

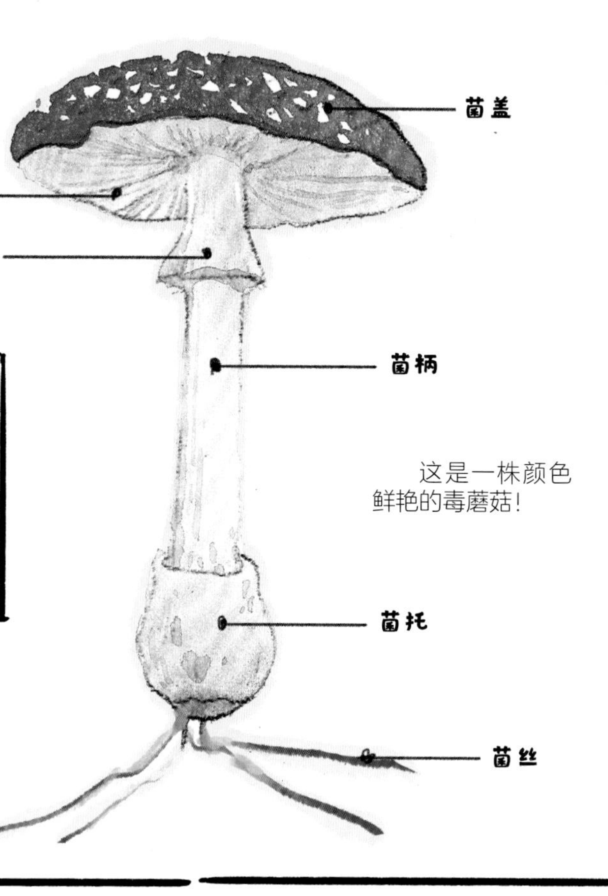

这是一株颜色鲜艳的毒蘑菇!

我家后院也长着许多蘑菇，我回去采下来给家里人尝尝。

草菇

草菇又叫包脚菇、兰花菇，生长在雨后的草地上。

平菇

平菇的菌盖层层叠叠，就像是屋瓦。

杏鲍菇

因其像鲍鱼一样肥美而得名。

鸡腿菇

因其形如鸡腿、口感似鸡丝而得名。

鸡油菌

鸡油菌味道鲜美，还有一股水果的清香呢!

老板，这些我全都要啦!

松茸

松茸产于秋后的松林中，是非常珍贵的野生菌菇。

双孢菇

双孢菇起源于法国，也称白蘑菇、口蘑等。

这里有这么多好吃的水果和蔬菜，它们到底是从哪里来的呢？

不论是果蔬，还是菌菇，都是辛辛苦苦种出来的，经过复杂的运输过程才到大家手中。

1.
果蔬的种植
① 营造适宜的环境
搭建大棚并覆盖上塑料薄膜。
② 选择与定植苗木
选择健康的苗木进行种植。
我可以负责浇水！
③ 田间管理
田间管理覆盖从播种到收获的整个栽培过程！
④ 防治病虫害
植物可能生好多种病，比如白粉病、灰霉病、根腐病、叶斑病、褐斑病，还可能遭遇蚜虫、红蜘蛛等害虫的侵害，要细心照顾它们呀！
⑤ 采摘
大丰收啦！

2. 果蔬的筛选

在加工前，需对果蔬的形状、大小、成熟与否进行判别，并筛选出形状美观、大小合适、成熟度适中的果蔬。

大果

小果

坏果

新鲜水果马
上到家喽！
折耳兔大哥
负责运输果蔬。

5. 果蔬的运输

借助交通工具将果蔬及其加工品运达各个目的地，保质期短的用空运（飞机），保质期长的用陆运（火车、货车等）。

我们在菜市场随处能见到来自各个省份甚至异国他乡的果蔬。物流运输的发展真的帮了我们大忙呢！

唐朝时，唐玄宗为讨杨贵妃开心，靠驿卒快马运送荔枝，中途不间断换人换马，保持最高速度，也要花了十几天才能把荔枝从几千公里外的岭南运到京城。

3. 果蔬的加工

果蔬经过筛选后，就可以制成各种果蔬加工品啦，例如果脯、罐头、果汁。

4. 果蔬的包装

减震珍珠棉
这是一种减震效果极佳又经济实惠的包装材料。

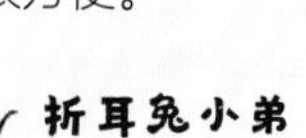

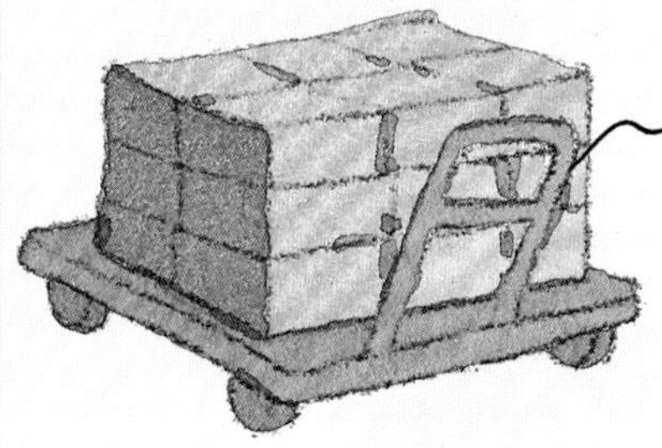

小推车
菜市场里常见的运载工具，单人推行很方便。

折耳兔小弟
负责进行果蔬打包。

将果蔬或果蔬加工品按照不同标准进行密封、打包，包装过程中也会采取减震、保鲜等措施。

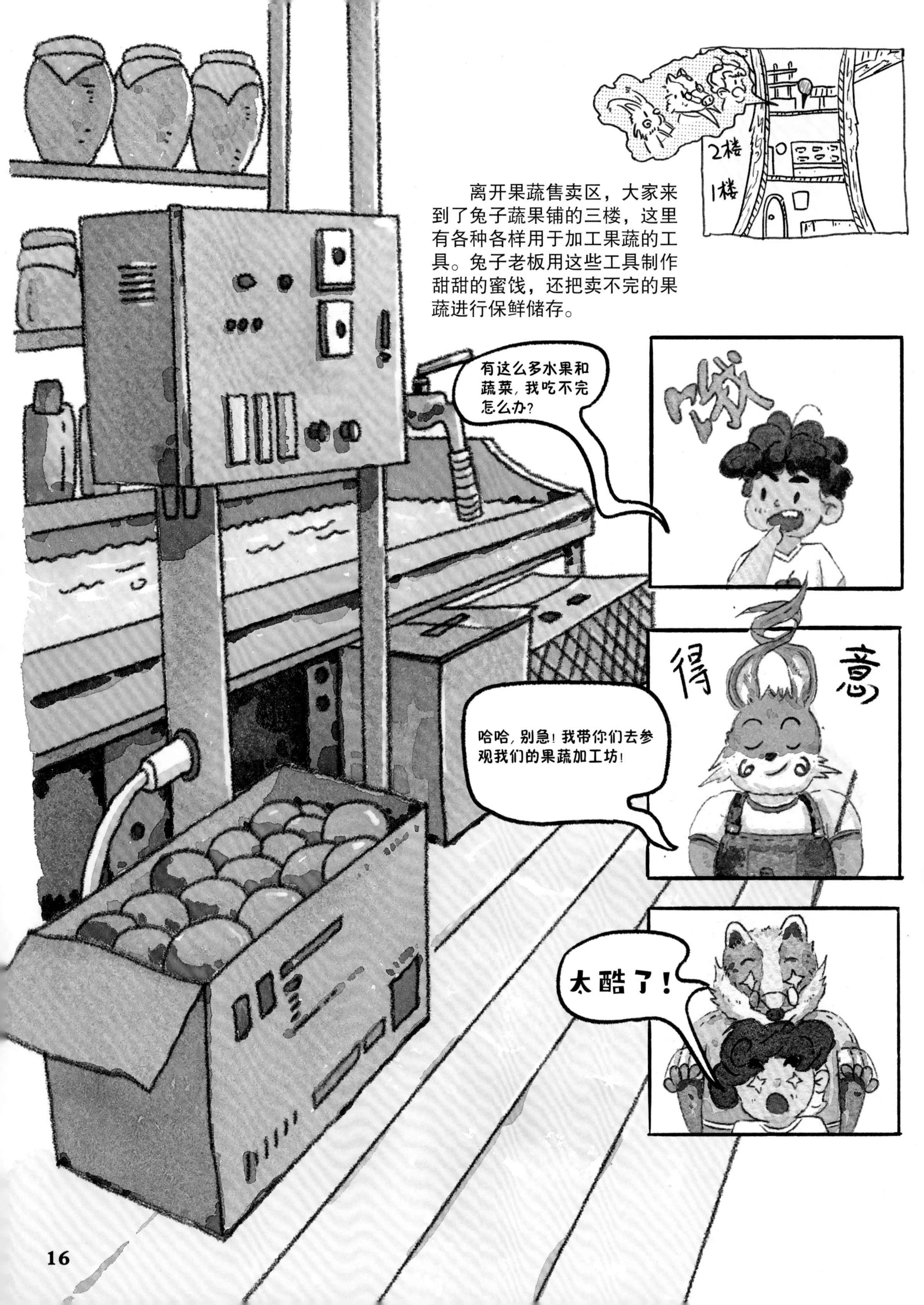
2楼
1楼
离开果蔬售卖区，大家来到了兔子蔬果铺的三楼，这里有各种各样用于加工果蔬的工具。兔子老板用这些工具制作甜甜的蜜饯，还把卖不完的果蔬进行保鲜储存。
有这么多水果和蔬菜，我吃不完怎么办？
得意
哈哈，别急！我带你们去参观我们的果蔬加工坊！
太酷了！

低温状态下，植物的新陈代谢会变慢，就像是进入了梦乡。

果蔬的保鲜方式

新鲜果蔬的保鲜主要靠低温冷藏和真空保鲜！另外，可以买一些食品保鲜剂对果蔬进行保鲜，适量的食品保鲜剂并不会危害健康。

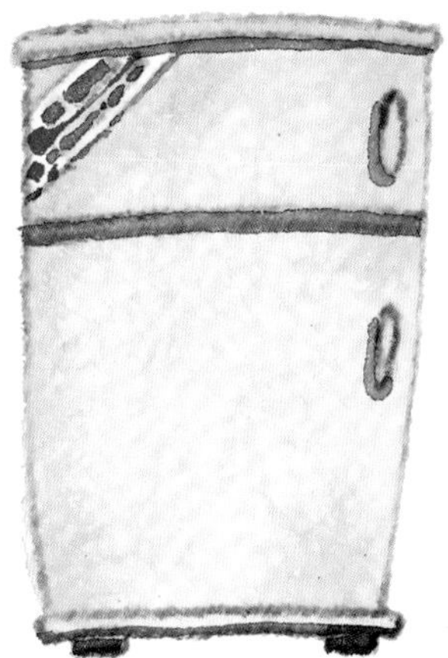

低温冷藏保鲜

真空保鲜

食品保鲜剂保鲜

我想吃这个甜甜的蜜饯！

果蔬的加工保存

果蔬加工和保存的方式是多种多样的。比如，不是特别新鲜的水果可以做成蜜饯，口感更佳，也能保存更久；有的果蔬还可以晒干。像这样特殊的保存方式还有很多……

我好渴呀！

蜜饯

果干

朝鲜族人喜食泡菜。因为他们所处地区冬季寒冷、漫长，难以种植果蔬，所以他们喜欢用盐来腌制蔬菜以备过冬。

果蔬通过晒干、烘干、风干、冻干，被制作成蜜饯、果干（如葡萄干、话梅干、杏干、芒果干等）和蔬菜干。

果酱

果蔬经过捣碎、发酵等工序，被制作成果酱（如番茄酱、蓝莓酱、草莓酱、水蜜桃酱等）和酱料。

泡菜

蔬菜在高盐环境下经过腌制，被制作成泡菜、腌菜（如腌黄瓜）等。

罐头

水果被制作成罐头，例如黄桃罐头、橘子罐头、荔枝罐头、杨梅罐头等。

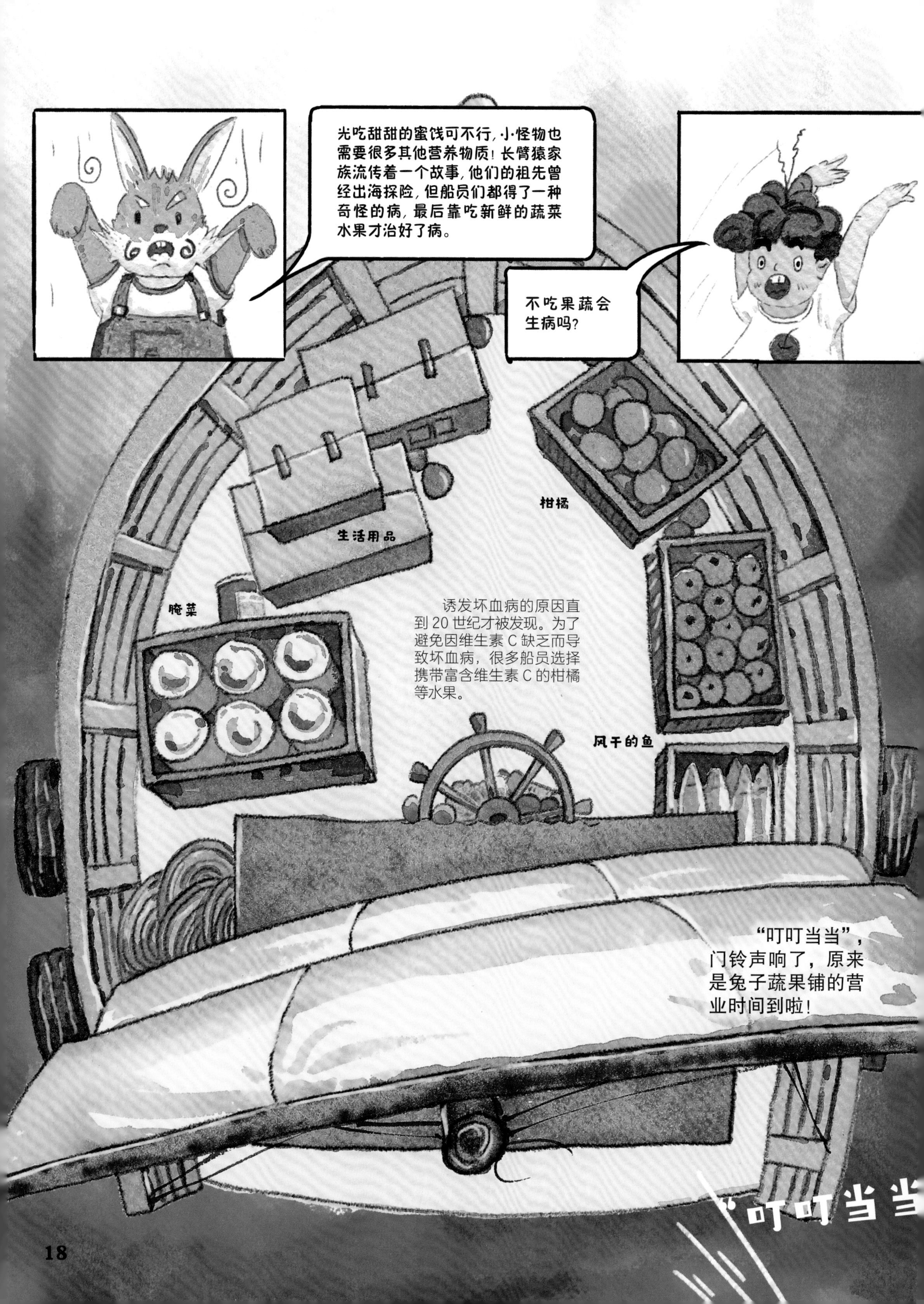
光吃甜甜的蜜饯可不行，小怪物也需要很多其他营养物质！长臂猿家族流传着一个故事，他们的祖先曾经出海探险，但船员们都得了一种奇怪的病，最后靠吃新鲜的蔬菜水果才治好了病。
不吃果蔬会生病吗？
柑橘
生活用品
腌菜
诱发坏血病的原因直到 20 世纪才被发现。为了避免因维生素 C 缺乏而导致坏血病，很多船员选择携带富含维生素 C 的柑橘等水果。
风干的鱼
“叮叮当当”，门铃声响了，原来是兔子蔬果铺的营业时间到啦！
“叮叮当当

维生素 C

维生素 C 是人体必需的维生素，但人体无法直接合成，只能通过饮食来获取。一旦缺乏，就可能患上坏血病。过去船员出海时间很长，几乎吃不到富含维生素 C 的食物，很容易得坏血病。

维生素 B_1

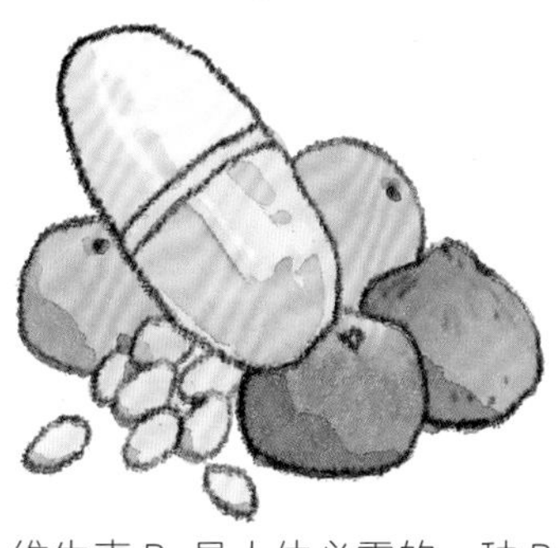

维生素 B_1 是人体必需的一种 B 族维生素，如果缺乏，就可能引起脚气病。摄入动物内脏、豆类、青菜等，能够有效补充维生素 B_1。

膳食纤维

膳食纤维摄入不足会对胃肠道造成负担，易导致便秘，让有害物质在肠道停留的时间增加，使人体患肠道疾病的风险随之增大。因此要适当食用富含膳食纤维的食物，比如粗粮，以及笋等蔬菜。

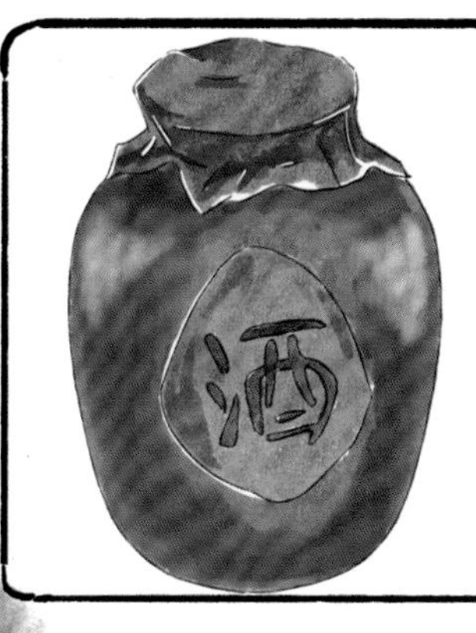

除了新鲜果蔬之外，中国船员在出海时还会携带腌制或风干的肉、鱼、腌菜、咸蛋、果脯，以及稻米、米酒等食物。

中国船员还喜欢携带茶叶，茶叶也富含维生素 C！

膳食营养金字塔

人体正常的生命活动要靠营养物质来维持，人体需要的营养物质可归纳为七大类，即蛋白质、脂肪、碳水化合物、膳食纤维、维生素、矿物质和水。不同的食物富含不同的营养物质，可以给人体提供热量、促进生长发育、调节生理功能。

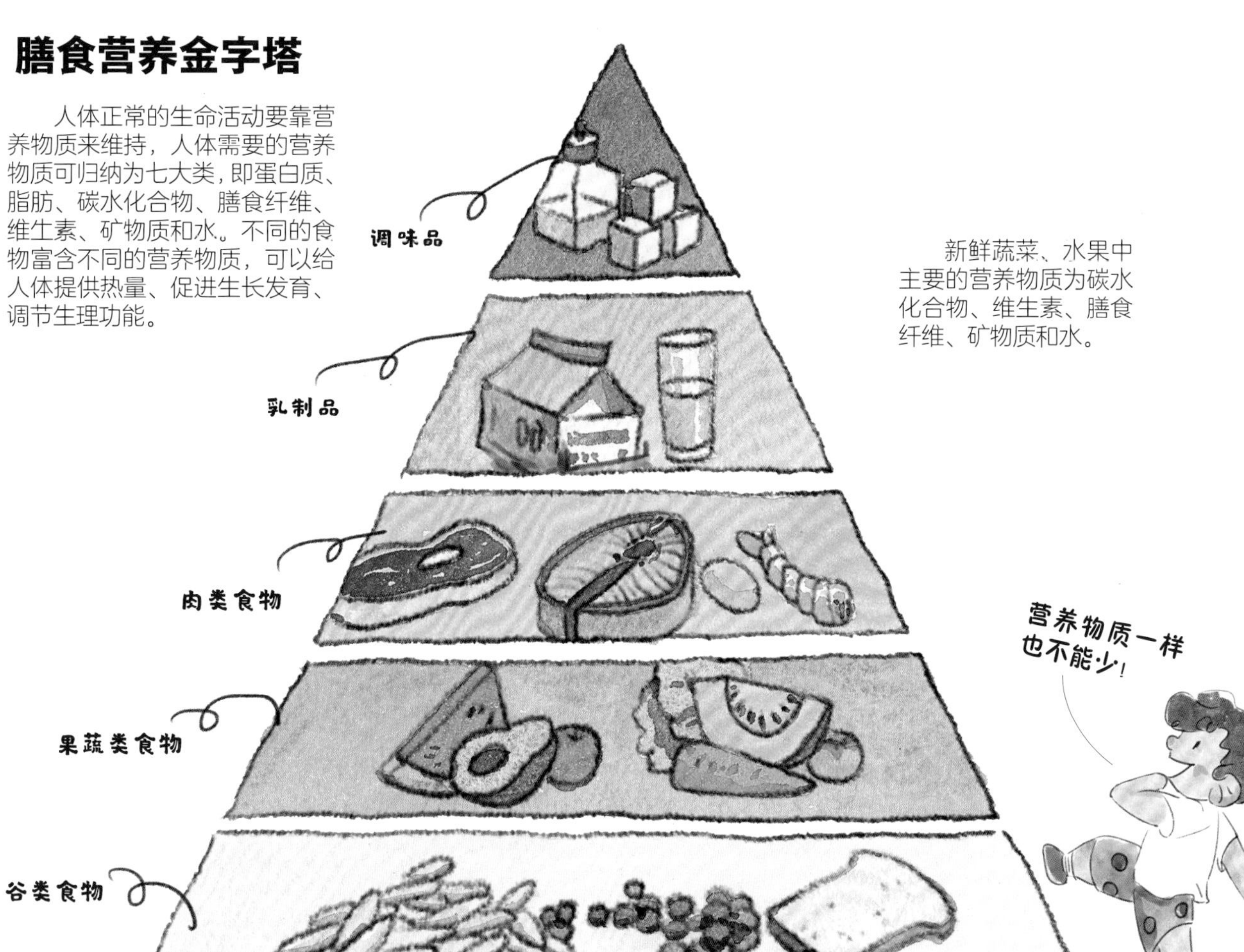

新鲜蔬菜、水果中主要的营养物质为碳水化合物、维生素、膳食纤维、矿物质和水。

营养物质一样也不能少！

兔子蔬果铺开始营业啦！兔子太太站在柜台前热情地向大家打招呼。
欢迎光临！
兔子太太
三轮货车
用来装卸重量大、体积大的货品。
环保袋发放机
买什么呢？
竹鼠小妹
这些水果看上去好新鲜呀！
松鼠小姐

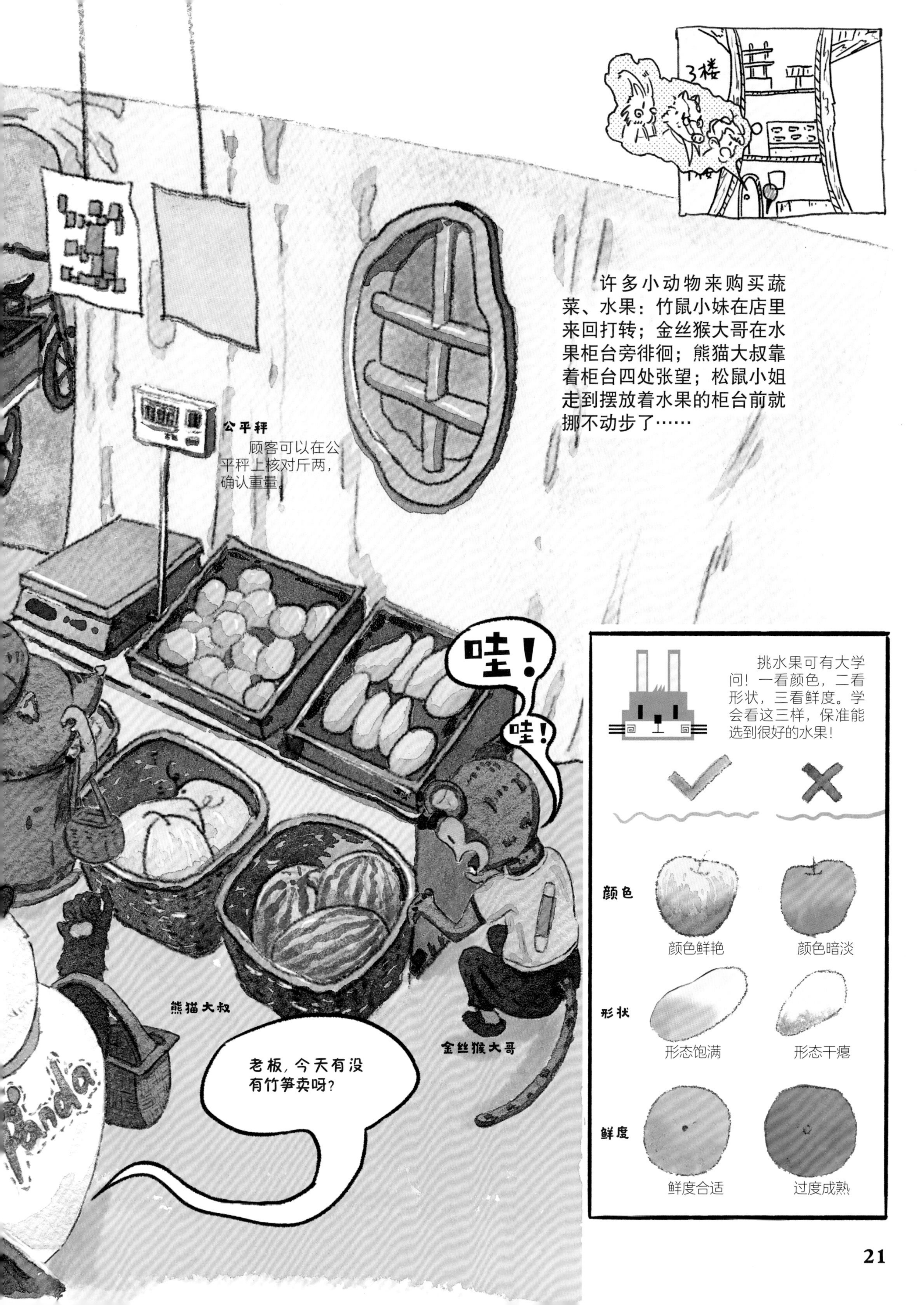
3楼
许多小动物来购买蔬菜、水果：竹鼠小妹在店里来回打转；金丝猴大哥在水果柜台旁徘徊；熊猫大叔靠着柜台四处张望；松鼠小姐走到摆放着水果的柜台前就挪不动步了……
公平秤
顾客可以在公平秤上核对斤两，确认重量。
哇！
哇！
老板，今天有没有竹笋卖呀？
熊猫大叔
金丝猴大哥
Panda
挑水果可有大学问！一看颜色，二看形状，三看鲜度。学会看这三样，保准能选到很好的水果！
颜色
颜色鲜艳
颜色暗淡
形状
形态饱满
形态干瘪
鲜度
鲜度合适
过度成熟

店里生意好得不行，兔子太太忙得不可开交。
橘子 8.8元/斤
猕猴桃 7.6元/斤
水蜜桃
苹果
西瓜 2元/斤
胡萝卜 1.5元/斤
西蓝花 3.2元/斤
南瓜 1.7元/斤
排好队，一个一个来！
8.02
獾太太眼见店里忙成一片，又想到刚才小怪物吃了不少东西，很是不好意思，于是主动带小怪物一起帮忙。
橙子
芒果
香蕉
黄桃
西瓜
金丝猴大哥！您的水果还没买单呢！
我们来帮忙吧！
那可太感谢啦！

立杆式电子秤

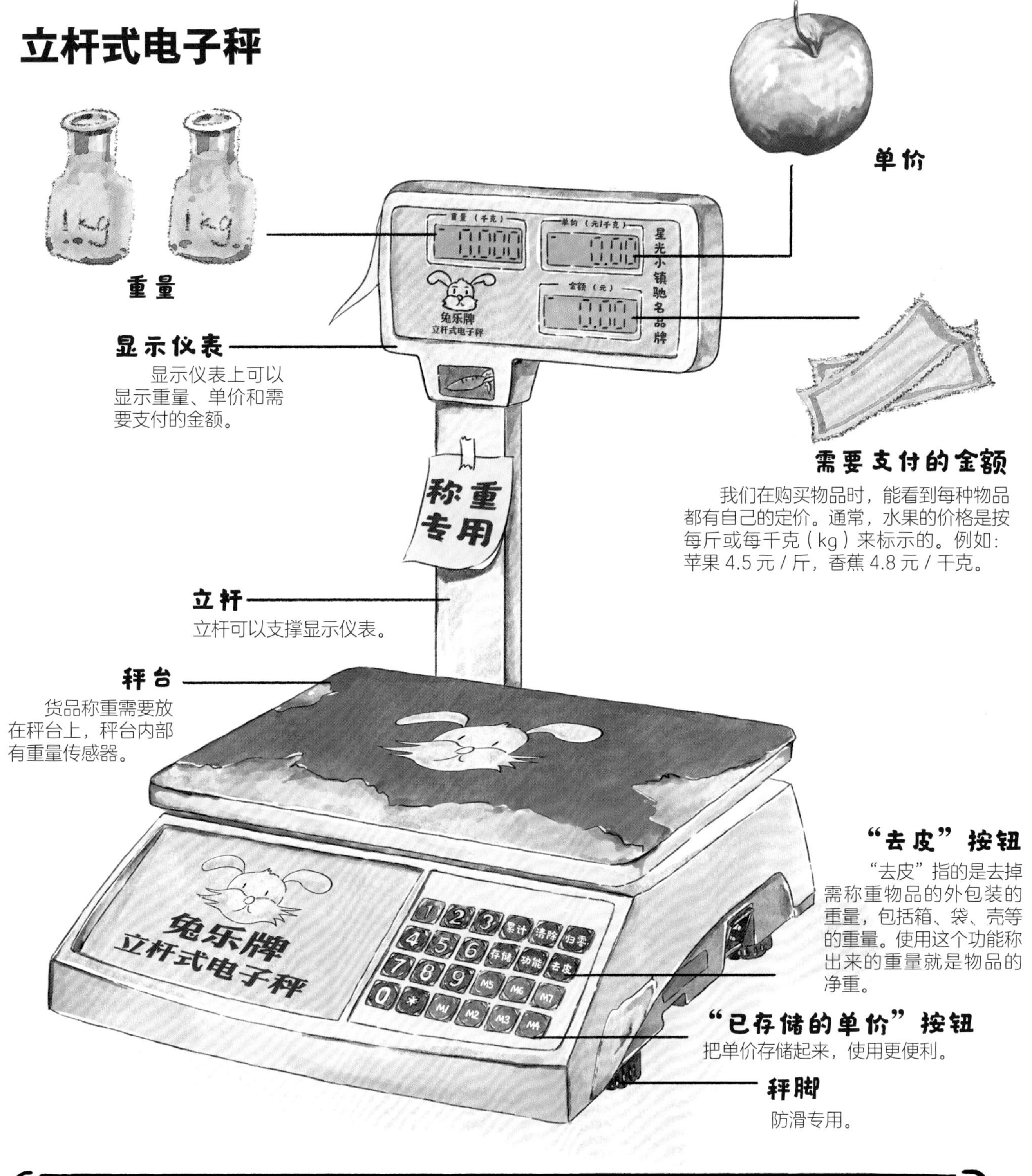

显示仪表

显示仪表上可以显示重量、单价和需要支付的金额。

需要支付的金额

我们在购买物品时，能看到每种物品都有自己的定价。通常，水果的价格是按每斤或每千克（kg）来标示的。例如：苹果 4.5 元 / 斤，香蕉 4.8 元 / 千克。

立杆

立杆可以支撑显示仪表。

秤台

货品称重需要放在秤台上，秤台内部有重量传感器。

"去皮"按钮

"去皮"指的是去掉需称重物品的外包装的重量，包括箱、袋、壳等的重量。使用这个功能称出来的重量就是物品的净重。

"已存储的单价"按钮

把单价存储起来，使用更便利。

秤脚

防滑专用。

最早，人们是用一种物品交换另一种物品的，例如用鱼交换牛奶。中国最早的货币是贝壳，但是贝壳不易获得，供不应求，于是慢慢诞生了铜钱、元宝、银票等货币。现在我国的通用货币是人民币。随着信息技术的发展，我们甚至可以通过电子支付的方式购物，生活更加便利了。

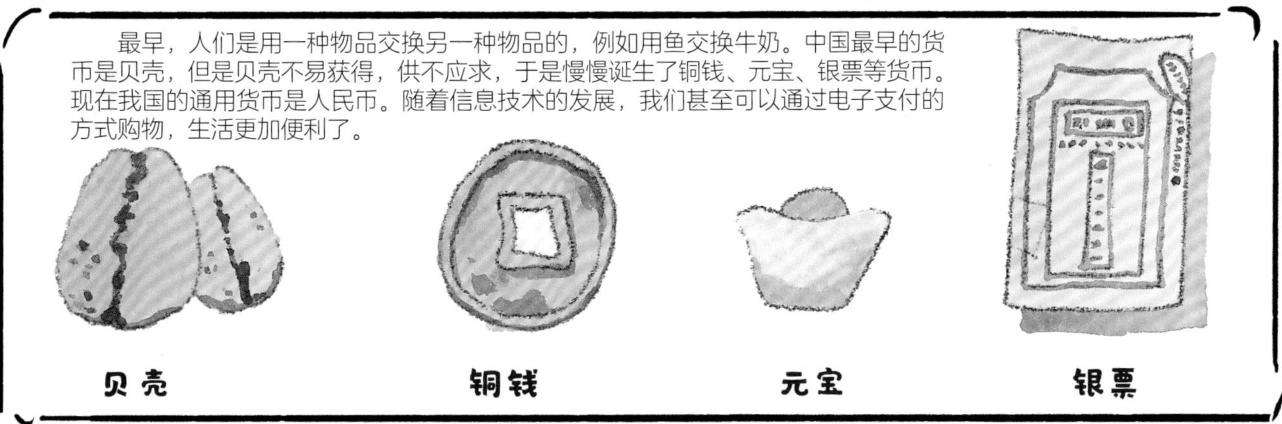

噢！瞧瞧这购物小票，一定是哪个食草动物遗落的吧！
西蓝花
草菇 1斤
时间不早了，獾太太感谢了兔子老板和兔子太太的招待，又从兔子蔬果铺里买了好多好多果蔬。可刚离开蔬果铺，身后就传来了陌生的声音。
嘿！别怕，我的朋友，这张购物小票缺少灵魂，它缺少那个东西……我认为你一定得去美食树洞走一趟！这个小家伙肯定需要那个东西，跟我来！
狐狸先生
您说的“灵魂”，是指什么？
美食树洞

只见狐狸先生给小怪物喂了一块神秘的食物，小怪物立马开心了起来。獾太太觉得很神奇，半信半疑地跟着狐狸先生往前走。

狐狸先生带着獾太太和小怪物穿过了一个又一个巷子，来到了一棵神秘的大槐树前。一个繁忙的肉类市场出现在獾太太眼前。

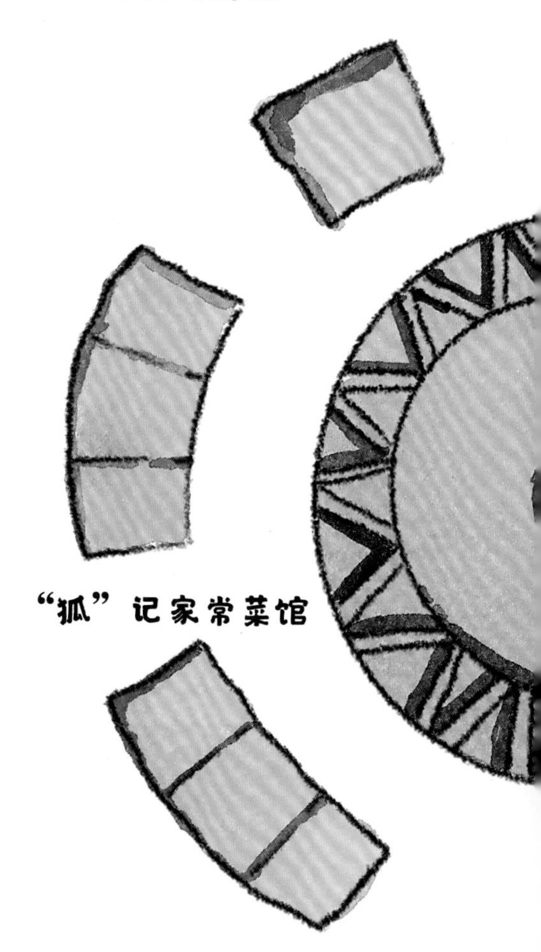

虎虎生态农场

虎虎生威大肉铺

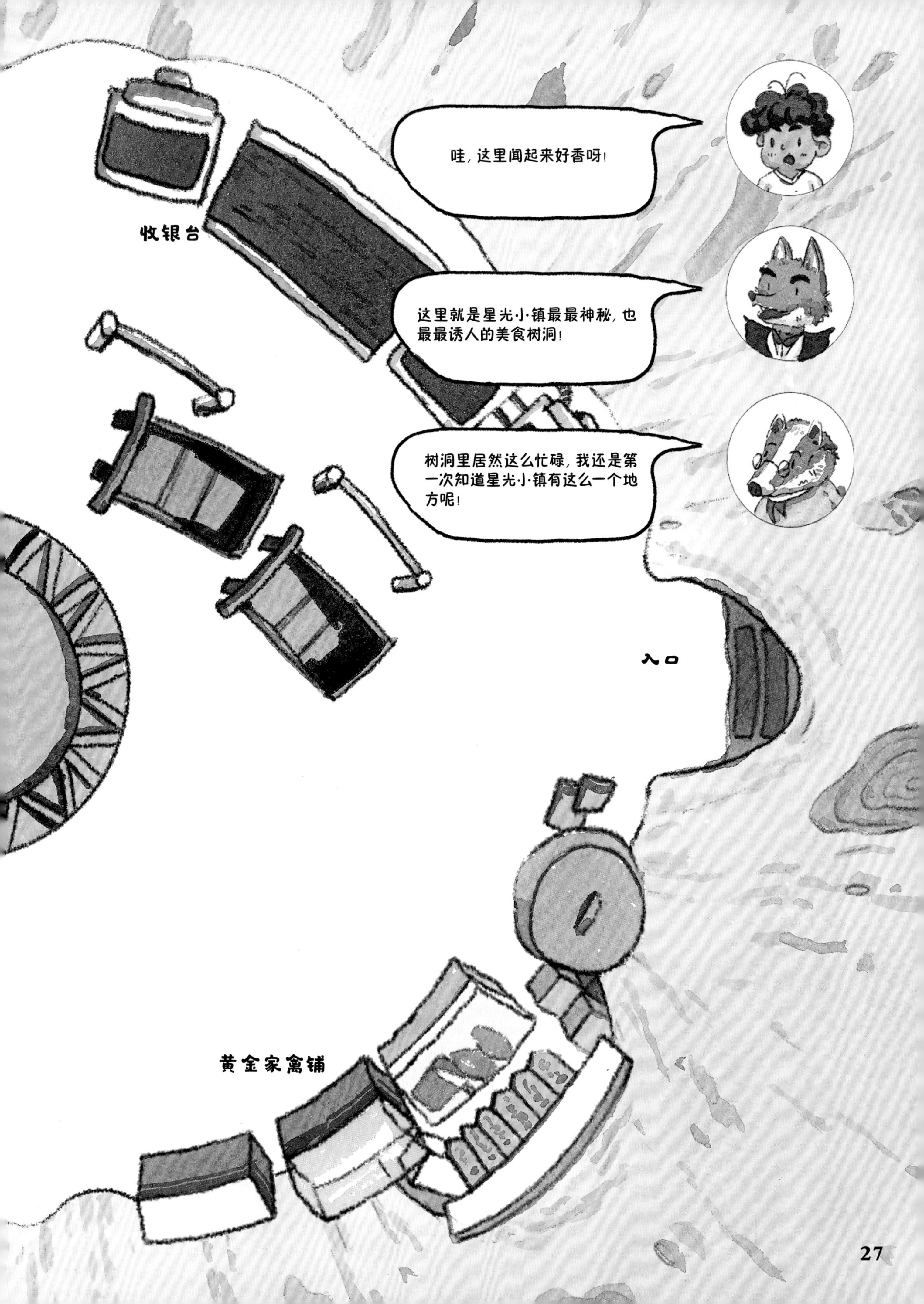
哇，这里闻起来好香呀！
这里就是星光小镇最最神秘，也最最诱人的美食树洞！
树洞里居然这么忙碌，我还是第一次知道星光小镇有这么一个地方呢！
收银台
入口
黄金家禽铺

整个市场十分气派，与外部毫不起眼的环境形成鲜明对比。市场里面各种店铺都在营业，热闹非凡。

人们通过养殖、捕捞等方式获取可食用动物。市场上常见的肉类包括猪、牛、羊、鸡、鸭、鹅等家畜、家禽的肉，以及通过水产养殖和捕捞所获取的各种鱼类、虾蟹和贝类等。
虎虎生威大肉铺
这里可是肉食主义者的天堂！地上跑的、水里游的、天上飞的，应有尽有……你们在早上这个时间来，真是赶上好时候了。
肉
这个神秘的小怪物看上去很喜欢这里呢！
狐狸先生正在骄傲地介绍着。小怪物已经被一旁的香味吸引，快步跑了过去。

一进门，只见摊位分为左右两侧，一侧是烤肉、卤味等熟食，另一侧则是冷冻类食材，角落里甚至还有一个大烤炉！
黄鼠狼小弟，这是獾太太。她捡到了个小怪物，“无聊”的蔬菜和水果不太合这小怪物的胃口。
黄鼠狼小弟你好，这儿可真香呀！
吃饭怎么能少得了肉呢！要说吃肉，一定少不了鸡、鸭、鹅！我这秘方和手艺，那可是从我爷爷的爷爷的爷爷那里传下来的！
烤炉
养殖家禽主要为了获取其肉、蛋和羽毛。鸡、鸭、鹅并称“中国三大家禽”。在美食界，与鸡、鸭、鹅相关的名菜占据了重要地位。
家禽是指人工饲养的鸟类动物，如鸡、鸭、鹅等，也有其他鸟类如火鸡、鸽子、鹌鹑等。
鸡
可别小看鸡、鸭、鹅，它们可是跟史前巨无霸——恐龙关系亲密！科学家研究发现，鸟类其实是恐龙的后裔，鸡、鸭、鹅作为鸟类家族的成员，也是名副其实的“现代恐龙”了。

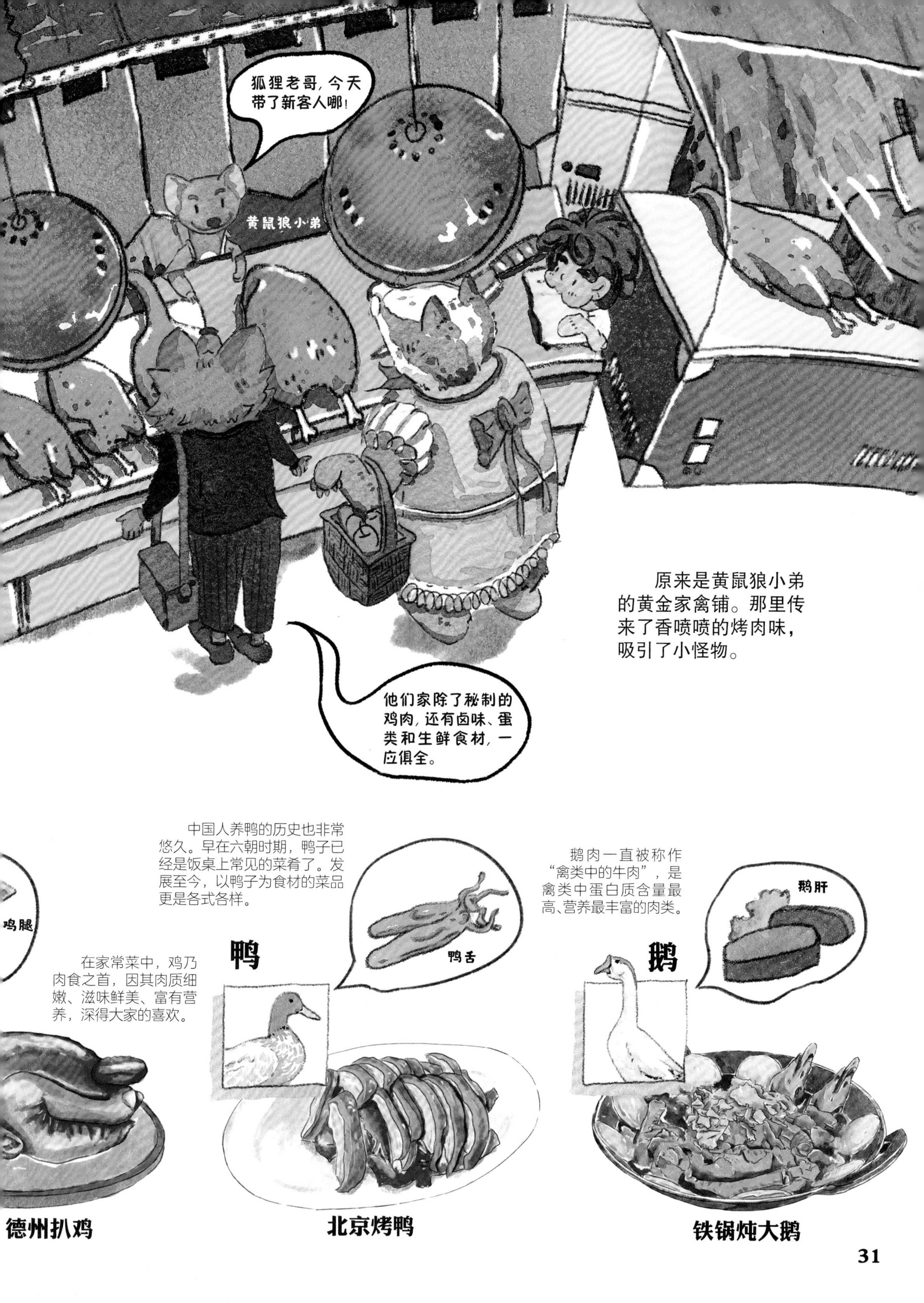
狐狸老哥，今天带了新客人哪！
黄鼠狼小弟
原来是黄鼠狼小弟的黄金家禽铺。那里传来了香喷喷的烤肉味，吸引了小怪物。
他们家除了秘制的鸡肉，还有卤味、蛋类和生鲜食材，一应俱全。
鸡腿
在家常菜中，鸡乃肉食之首，因其肉质细嫩、滋味鲜美、富有营养，深得大家的喜欢。
德州扒鸡
中国人养鸭的历史也非常悠久。早在六朝时期，鸭子已经是饭桌上常见的菜肴了。发展至今，以鸭子为食材的菜品更是各式各样。
鸭
鸭舌
北京烤鸭
鹅肉一直被称作“禽类中的牛肉”，是禽类中蛋白质含量最高、营养最丰富的肉类。
鹅
鹅肝
铁锅炖大鹅

一堆人围在一个铺子旁。獾太太定睛一瞧，门口挂着一幅充满摇滚范儿的老虎挂画。这是虎二哥开的虎虎生威大肉铺。
优质猪肉
极品牛肉
今日特价
虎二哥
猪五花肉
牛肉馅儿
牛五花肉
猪肝
牛腱子肉
这位是虎二哥。这家店是老字号，买他家的肉一定错不了！
哼
看上去也太棒了！
哇！
这位太太好眼光，我们家的牛肉可是全美食树洞里最绝的！国际知名美食家金钱豹先生都是我们店里的常客！

店铺从左至右分别摆着猪肉、牛肉和羊肉。店面装饰也极具特色，很有东北雪乡的味道。
来来来，看一看，瞧一瞧啦，本店肉类今日特价，一律五折，走过路过莫错过！
新鲜羊肉只此一家
羊五花肉
五折

家畜一般是指由人类饲养、驯化，且可以人为控制其繁殖的动物，如猪、牛、羊、马、骆驼、兔、猫、狗等。人类饲养家畜最早可追溯到一万多年前。目前，家畜主要来源于一些大型养殖场、农场及牧场。我国北方的草原地区，是饲养牛羊的天堂。

猪蹄

在全球范围内，猪仅次于鸡和鸭，是常被屠宰取肉的动物。猪肉有两种食用方法：一种是对新鲜猪肉进行烹饪食用，另一种是将猪肉加工保存后食用。猪肉的相关加工品有火腿、腊肠、培根等。

牛排

世界各地关于牛肉的烹饪方法有几百种。无论在国内还是国外，牛肉都是极受欢迎的食材。西餐中，大家熟知的菜品有煎牛排；而在中餐中，牛肉的做法可太多了，有炖牛肉、卤牛肉等。

羊肋

羊肉在我国是备受欢迎的肉食。用羊肉可以制作许多特色菜品，例如烤全羊，它是蒙古族接待贵客的一道名菜，色、香、味、形俱全，别有风味，历史悠久。而在西南地区，彝族等少数民族以山羊肉为食材烹制的羊汤锅，形式独特，配料丰富。

不同家畜、家禽会摄入不同的食物。家禽一般摄入谷物、糠麸、虫类等饲料；猪摄入猪饲料、草料；牛羊主要摄入草料。

在菜市场中，销售者常使用不同颜色的灯光给食物“美颜”。销售肉类的摊位通常使用红色的罩灯，因为红光能让肉的颜色更为诱人；而蔬菜铺则常使用偏绿色的灯。

这种给食物“增色”的灯被称为“生鲜灯”。对买菜的人来说，这就具有一定的迷惑性。自 2023 年 12 月起，新修订的法规已禁止农产品销售者使用生鲜灯，大家购物的时候一定要注意！

经过食品安全检验以后，质量达标的肉类就会被盖上圆形的检疫印章。

说起自己家的猪肉、牛肉、羊肉，虎二哥得意极了，因为所有的肉都来自他自己经营的虎虎生态农场。
农场中不光有各种家畜，还有家禽。黄鼠狼小弟的黄金家禽铺就是从这里进货的。
虎二哥铺子里的肉类都来自虎虎生态农场。
这个农场看起来好大呀！
还有其他肉类吗？我想再多瞧瞧！

家畜驯化

在原始社会，人类的食物主要来源于狩猎和采集。但是一旦遇到天气不好或者运气不好的时候，就无法获取足够的食物，人们就会饿肚子。

后来，人们把吃不完的猎物养着作为储备粮，时间长了，人们发现饲养的动物会代代繁衍……一直养着就一直有吃的，不受天气等不确定因素影响。因此，人们驯化了鸡、鸭、鹅、猪、牛、羊等各种家禽和家畜。

乳制品

大约在公元前 5000 年，欧洲人就已经开始大规模地饮用牛奶了，英国是世界上消费牛奶最多的国家。在三国时期，中国的北方地区已经用奶酪制品来招待客人了。

羊毛制品

澳大利亚、新西兰、阿根廷、南非、俄罗斯和中国是世界主要的羊毛产地。

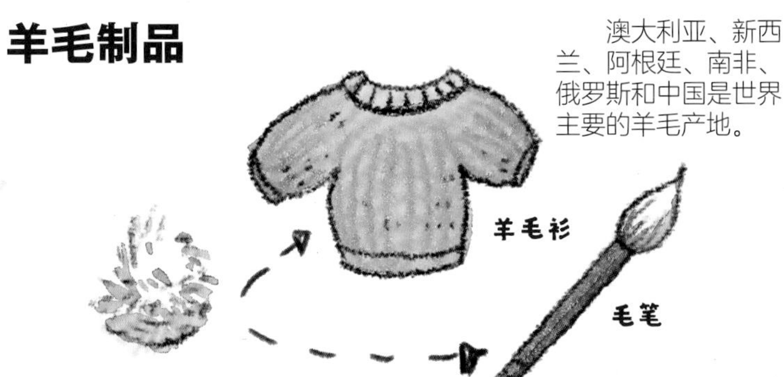

猪毛制品

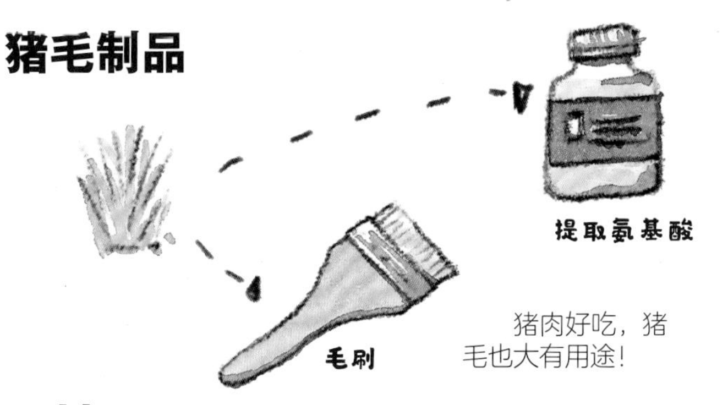

猪肉好吃，猪毛也大有用途！

蛋制品

农场出产的鸡蛋会源源不断地输送向市场。

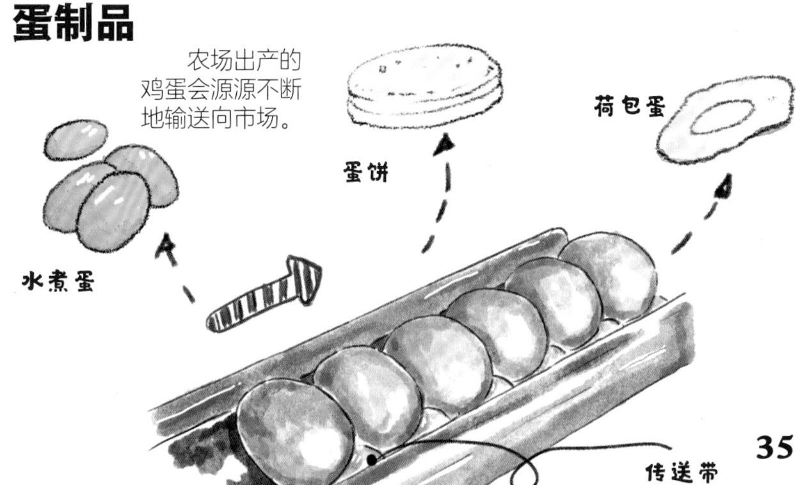

胡说！海鲜的腥味无法去除，去除腥味后的河鲜才是鲜之极致。
海鲜！海鲜！海鲜！唯有海鲜才是最鲜美的食物！
扬子鳄大婶
狐狸老弟，天还是拿“三样”？
产出于淡水河流的可食用动物性原料和植物性原料统称为河鲜。生长在淡水河里的鱼、虾、鳖、蟹、贝类就属于河鲜。
鱼篓
增氧设备
没错，辛苦你帮我打包好！
獾太太，这家店里的河鲜那可是相当新鲜，尤其是淡水鱼。远近闻名的“网红”美食家鸬鹚小姐经常来这儿“打卡”。
扬子鳄大婶天天和隔壁铺子的斑海豹大叔辩论河鲜和海鲜的高下。她河鲜铺里的商品琳琅满目：螃蟹、虾、甲鱼…… 这些都是扬子鳄大婶自己养殖的！

四大家鱼

在唐代以前，鲤鱼是养殖最为广泛的淡水鱼类。但是因为唐朝的皇帝姓李，他认为“鲤”和“李”同音，吃鲤鱼是对自己不敬，于是禁止大家吃鲤鱼。因此，百姓们便开始驯养其他鱼类，青鱼、草鱼、鲢鱼、鳙鱼，这四种鱼因食用广泛，而被称为四大家鱼。

青鱼

青鱼栖息在水域的底层，以螺蛳、蚬和蚌等软体动物为主食。

草鱼

草鱼栖息在水域的中下层。它们吞食浮游植物后，会将大部分未消化的植物碎片排出，等粪便滋生微生物后再重新摄入。

鲢鱼

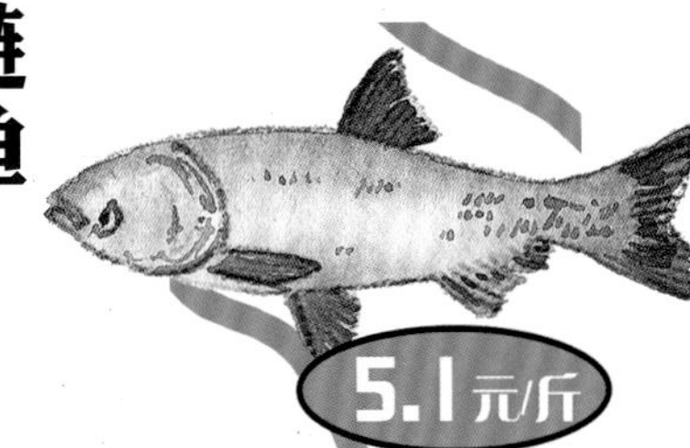

鲢鱼又叫白鲢，在水域的上层栖息，以绿藻等浮游植物为主食。

鳙鱼

鳙鱼头部较大，俗称“胖头鱼”。它们栖息在水域的中上层，以水蚤等浮游动物及部分浮游植物为食。

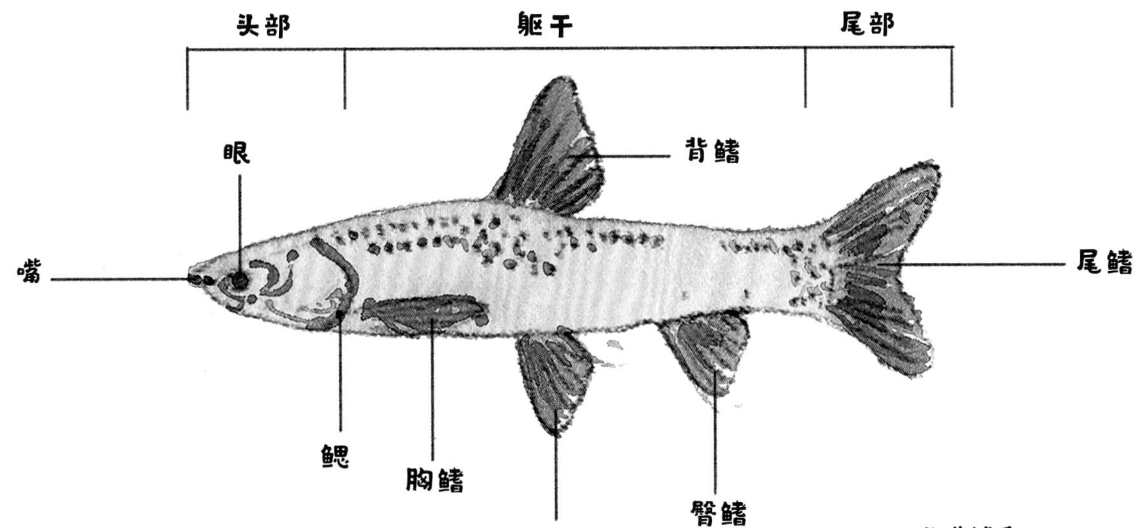

大闸蟹，中文正名叫“中华绒螯蟹”，又叫河蟹、毛蟹，外壳比较坚硬，前端的螯足长满了绒毛。雄蟹和雌蟹各有风味，且最佳食用时间略有不同。

我们可以通过大闸蟹腹部的形态判断它们的性别，不同性别的大闸蟹风味存在差异。

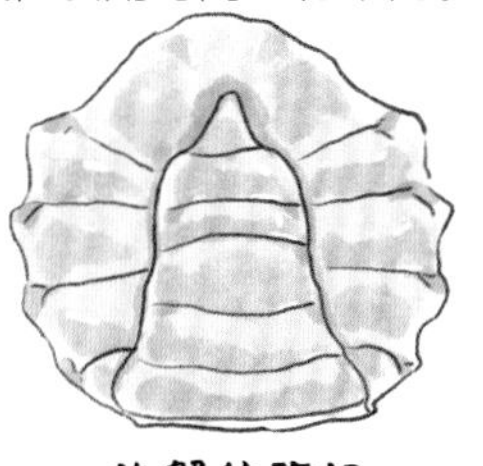

雄蟹的腹部

雌蟹的腹部

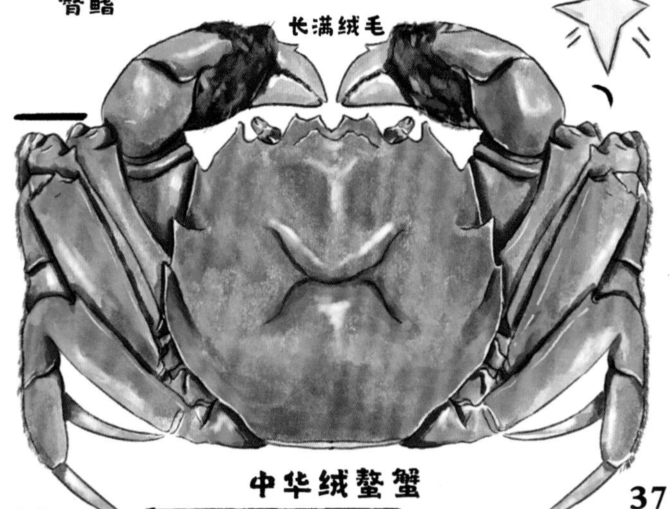

中华绒螯蟹

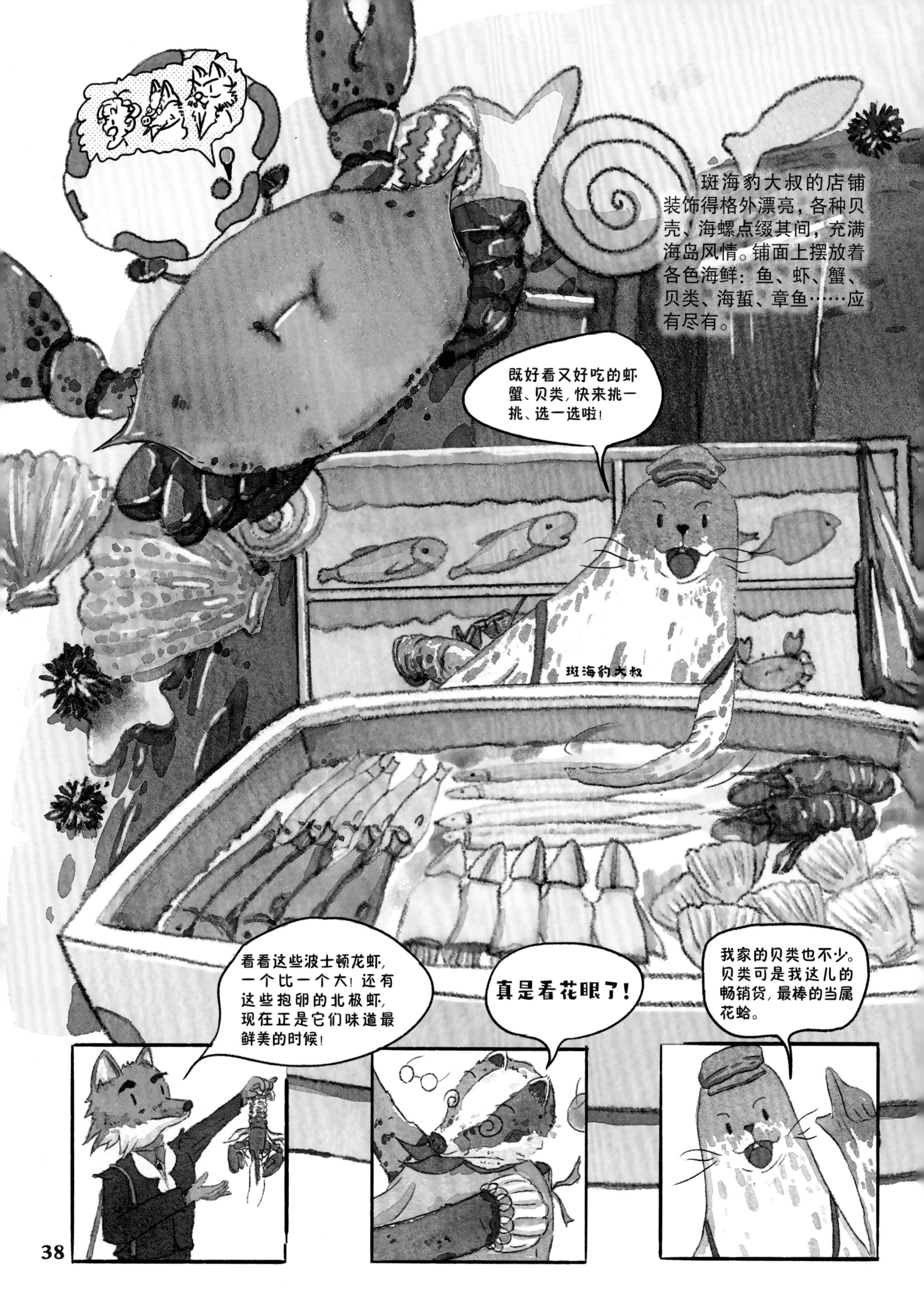
斑海豹大叔的店铺装饰得格外漂亮，各种贝壳、海螺点缀其间，充满海岛风情。铺面上摆放着各色海鲜：鱼、虾、蟹、贝类、海蜇、章鱼……应有尽有。
既好看又好吃的虾蟹、贝类，快来挑一挑、选一选啦！
斑海豹大叔
看看这些波士顿龙虾，一个比一个大！还有这些抱卵的北极虾，现在正是它们味道最鲜美的时候！
真是看花眼了！
我家的贝类也不少。贝类可是我这儿的畅销货，最棒的当属花蛤。

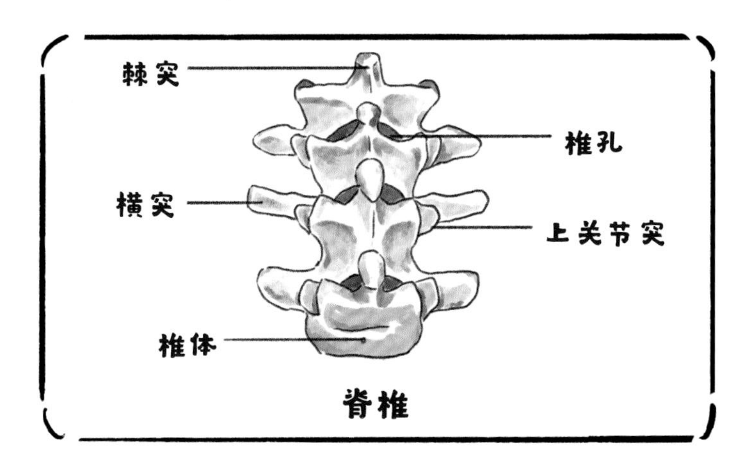

脊椎动物

脊椎动物是具有脊椎骨的动物，如鱼类、两栖类、爬行类、鸟类和哺乳类。发现于中国澄江地区的昆明鱼、海口鱼和钟健鱼被认为是最早出现的一批脊椎动物。这些诞生于寒武纪时期的小小脊椎动物祖先，逐渐演化为后来世界上的各种脊椎动物。

海洋脊椎动物

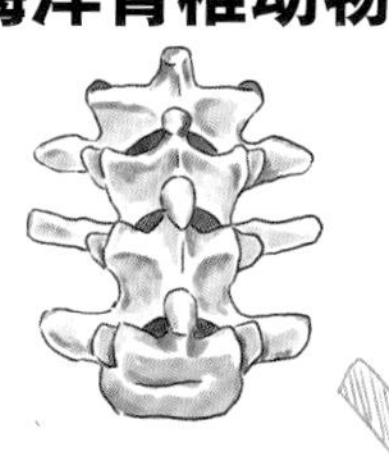

体内有一根脊柱贯穿身体。

带鱼

9.9元/斤

带鱼口感细腻，并且十分适合冷冻保存，是北方过年必不可少的鱼类。

小黄鱼

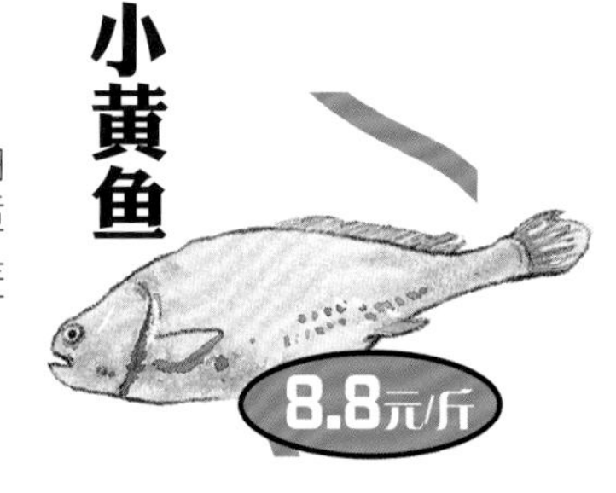

小黄鱼肉质鲜嫩，栖息于沿岸及近海沙泥底质、水深为20 ~ 100米的中底层水域。

海洋无脊椎动物

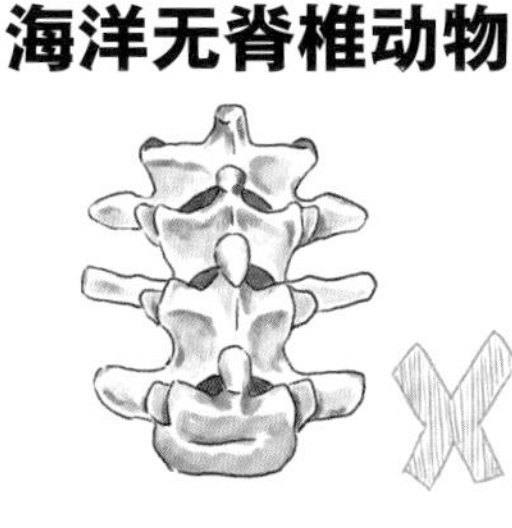

体内没有一根脊柱贯穿身体。

海蜇

海蜇是一类水母，口感松脆，很早以前就是中国百姓餐桌上的一道佳肴。

北极虾

北极虾因产自北冰洋和北大西洋而得名。生长于寒冷水域的北极虾肉质紧实。

扇贝

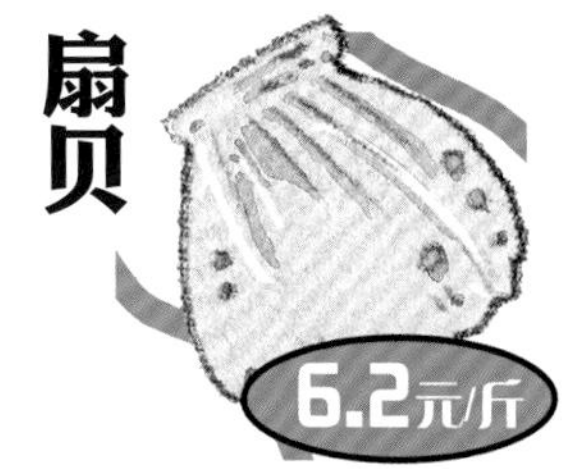

扇贝的闭壳肌肥美健壮，经加工干制后，称为“干贝”或“带子”。

海参

海参是棘皮动物，是海星的亲戚。自古以来，营养丰富的海参就是滋补佳品。

辨别海鲜是否新鲜的生活技巧

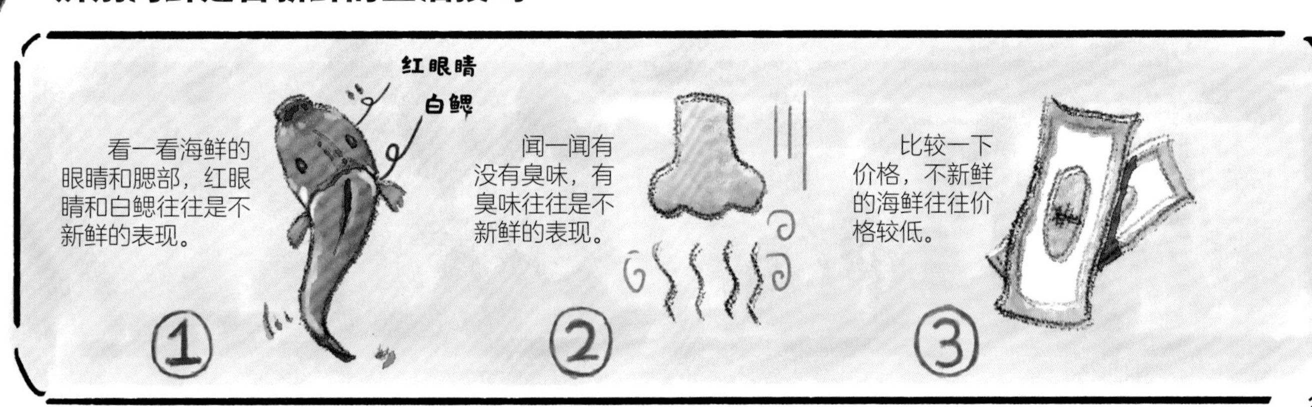

看一看海鲜的眼睛和腮部，红眼睛和白鳃往往是不新鲜的表现。

闻一闻有没有臭味，有臭味往往是不新鲜的表现。

比较一下价格，不新鲜的海鲜往往价格较低。

这么多的鱼虾蟹贝，全都这么新鲜，它们是从哪儿来的呀？
当然是来自各大渔场和养殖场啦！
快看，有一艘船靠岸了！
除了虾蟹和贝类，海里还有很多其他好东西。这时，一艘巨大的海豚形状的船只出现在美食树洞前面！
海豚船长来送货咯！

中国四大渔场

勇猛的阿拉斯加人

俄罗斯远东地区和美国阿拉斯加州之间的白令海，经常处于持续的风暴之中，被认为是世界上最危险的捕鱼地点之一。在每年的两个捕蟹季里，阿拉斯加州的渔民都会开着大型捕鱼船出海捕捞帝王蟹和雪蟹。帝王蟹凶猛无比，捕捞上船后还会在甲板上和捕蟹人搏斗。

海鲜养殖

设定适宜的水温

海鲜养殖的水温不宜过高，一般保持在 18℃～21℃。

20℃

保证充足的溶解氧

溶解氧含量应保持在 5 毫克 / 升以上。

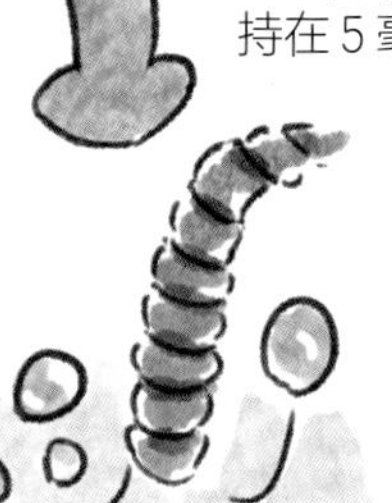

调节水的酸碱度

调节水的酸碱度，常用磷酸二氢钠和碳酸氢钠。

这艘大船就是“多鱼号”，它可了不得，里面冷得像南极一样，还有自动化海鲜处理系统，有熟冻技术和冷链，因此“多鱼号”上的海鲜十分新鲜，绝对不能错过！
来一箱最新鲜的货，我亲爱的朋友！上次的大马哈鱼，顾客们吃得非常满意！
多鱼号
这些海鲜来自世界各地。距离那么远，是怎么运输和保鲜呀？
这可难不倒我的“多鱼号”，这位面孔陌生的太太，您要买些什么吗？没有什么美味比得上大海的馈赠。

海鲜的保存

不同的保鲜方式对海鲜的新鲜度和口感有不同的影响。

海鲜产地介绍

气候、环境和水域的差异对海洋生物的分布有很大影响。中国国内能看到的许多海鲜，比如北极虾、磷虾、澳洲龙虾、波士顿龙虾等，来自世界各地。环球捕鱼业的发展也为世界各地的海鲜运往不同地区的餐桌提供了便利。

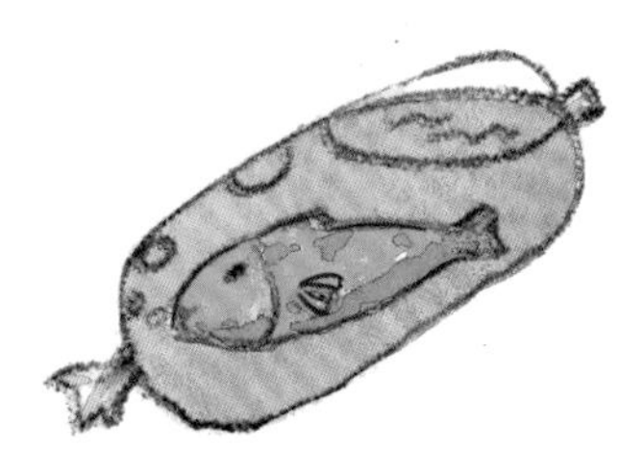

活鲜

以鲜活的方式运送至目的地，口感最为新鲜，但大多数海产品保鲜期较短。

冰鲜

低温可以锁住海产品体内的营养，还可以杀灭细菌，保持海产品原有的品质，利于长时间保存。

冻鲜

分鲜冻和熟冻。鲜冻是指将打捞的海产品处理后直接冰冻保鲜；熟冻是指在捕捞途中先将海产品进行烫熟处理，再将其冷冻保鲜。

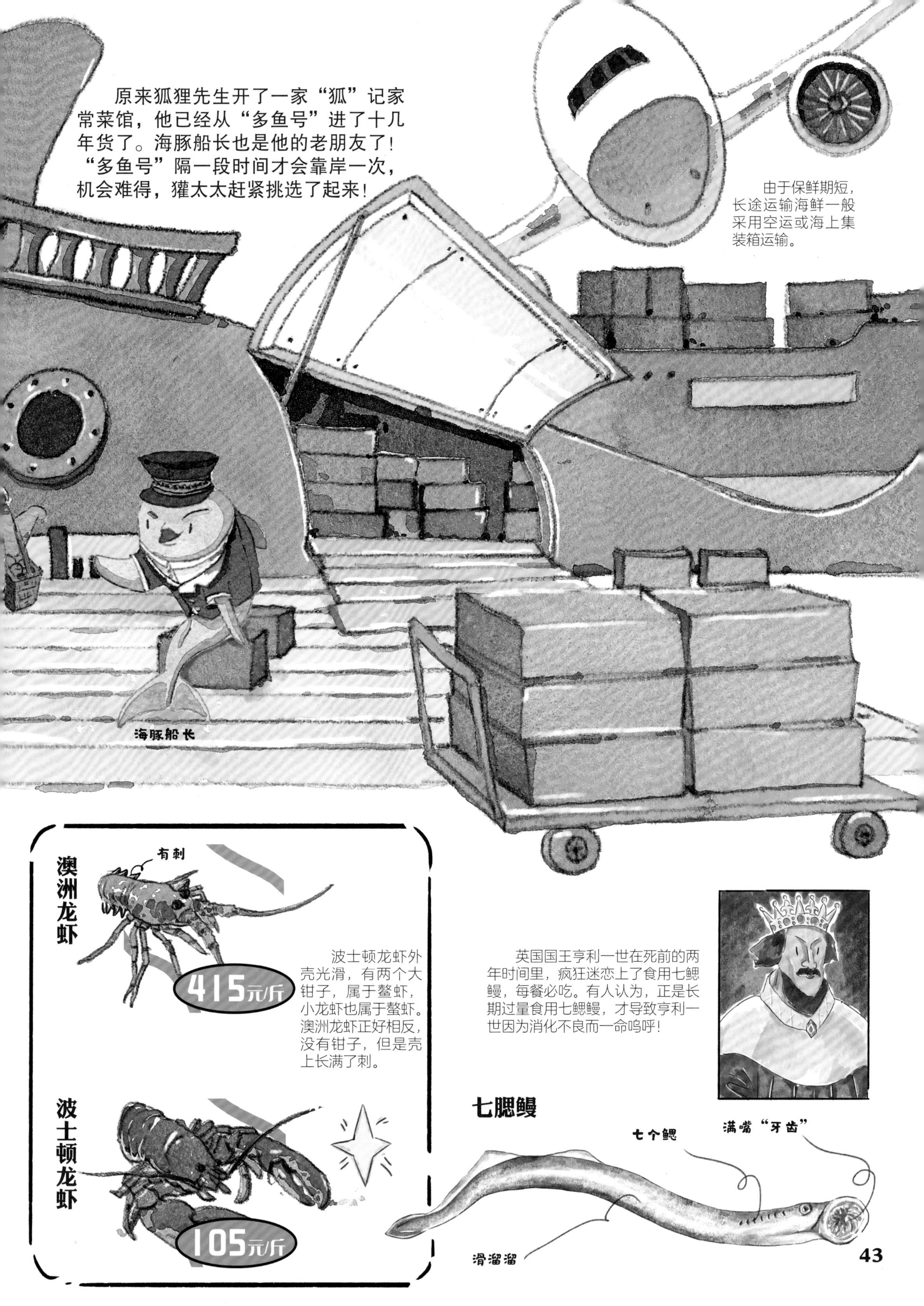
原来狐狸先生开了一家“狐”记家常菜馆，他已经从“多鱼号”进了十几年货了。海豚船长也是他的老朋友了！“多鱼号”隔一段时间才会靠岸一次，机会难得，獾太太赶紧挑选了起来！
由于保鲜期短，长途运输海鲜一般采用空运或海上集装箱运输。
海豚船长
澳洲龙虾
有刺
415元/斤
波士顿龙虾外壳光滑，有两个大钳子，属于螯虾，小龙虾也属于螯虾。澳洲龙虾正好相反，没有钳子，但是壳上长满了刺。
波士顿龙虾
105元/斤
英国国王亨利一世在死前的两年时间里，疯狂迷恋上了食用七鳃鳗，每餐必吃。有人认为，正是长期过量食用七鳃鳗，才导致亨利一世因为消化不良而一命呜呼！
七鳃鳗
七个鳃
满嘴“牙齿”
滑溜溜

真是大丰收！獾太太在美食树洞里买了好多东西，狐狸先生还传授给她一些烹饪的秘方。獾太太对烹饪肉食一窍不通，因此开心极了！狐狸先生边说边把獾太太采购的一小车食材打包好了。
呀！不知不觉竟然买了这么多东西！让您费心费力全程陪同，真不好意思！今天真的是太感谢您了！

狐狸先生的美食秘方

绝对绝对不能外传！

德州扒鸡 的秘方

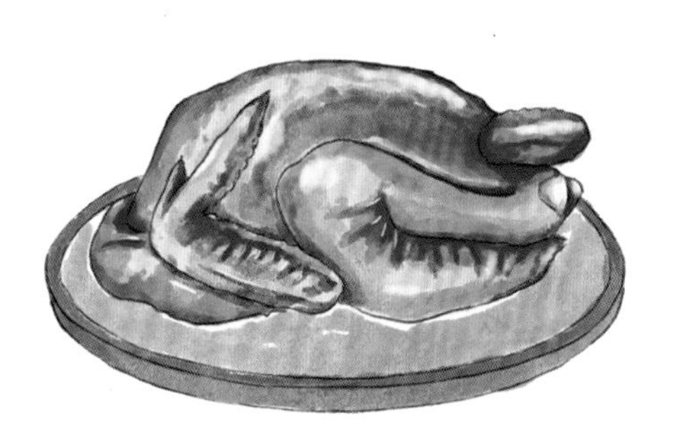

三黄鸡 1 只
蜂蜜 3 勺
白糖 2 勺
盐 2 勺
香叶 5 片
八角 5 克
肉蔻 2 克
甘草 5 克
桂皮 5 克
老抽 1 碗
陈皮 3 克
料酒 3 勺
酱油 1 勺
花椒 5 克
草果 2 克
丁香 3 克

北京烤鸭 的秘方

鸭子 1 只
白醋少许
面粉适量
豆瓣酱适量
葱白 1 段
蜂蜜少许
料酒少许
甜面酱适量
黄瓜 1 根

狐狸先生的温馨提示

想吃正宗的北京烤鸭，还要制作荷叶饼。用荷叶饼卷起鸭肉吃才最好吃！

作为热心的小镇居民，我一定能让您和小怪物吃上美味的肉肉，因为……我有烧肉的秘方可以传授给您，您觉得如何？

铁锅炖大鹅 的秘方

鹅 1 只
八角 5 克
香叶 5 片
花椒 5 克
姜片适量
老抽 1 勺
清水适量
玉米 1 个
白糖 1 勺
干辣椒适量
桂皮 2 块
大葱 1 根
生抽 2 勺
啤酒 1 罐（500 毫升）
土豆 1 个

- 鹅肉比较腥，要多清洗几次再烹饪！
- 炒鹅肉时要先炒糖色，这样才能好看又好吃。
- 炖煮时添加的水只要没过食材就可以啦，不然味道会被冲淡！

狐狸先生带着獾太太和小怪物来到自己经营了十几年的餐馆。
好香啊！
狐狸先生动作娴熟，不一会儿就端出了一盘秘制烤肉。这烤肉热气腾腾，还飘着阵阵浓郁的香气，这可是獾太太从没尝过的美味。狐狸先生带獾太太和小怪物品尝烤肉，小怪物开心极了！

狐狸先生神秘兮兮地掏出一颗胡椒，让獾太太闻，说这是“黑色黄金”，是自己珍贵的收藏品。但是，狐狸先生又说相比擅长收藏的仓鼠小姐，他的收藏品可谓小巫见大巫。獾太太一听，心想自己一定得去仓鼠小姐那儿看一看！

粮仓
这里真是七弯八绕，我自己来一定会迷路的。
这儿一定是狐狸先生说的仓鼠小姐的粮铺了，还真是不好找呀！

鼠鼠粮铺

顺着狐狸先生指的路，獾太太带着小怪物来到了一个地下谷仓前，这里看起来好像一间精美的陈列馆，上面写着“鼠鼠粮铺”。

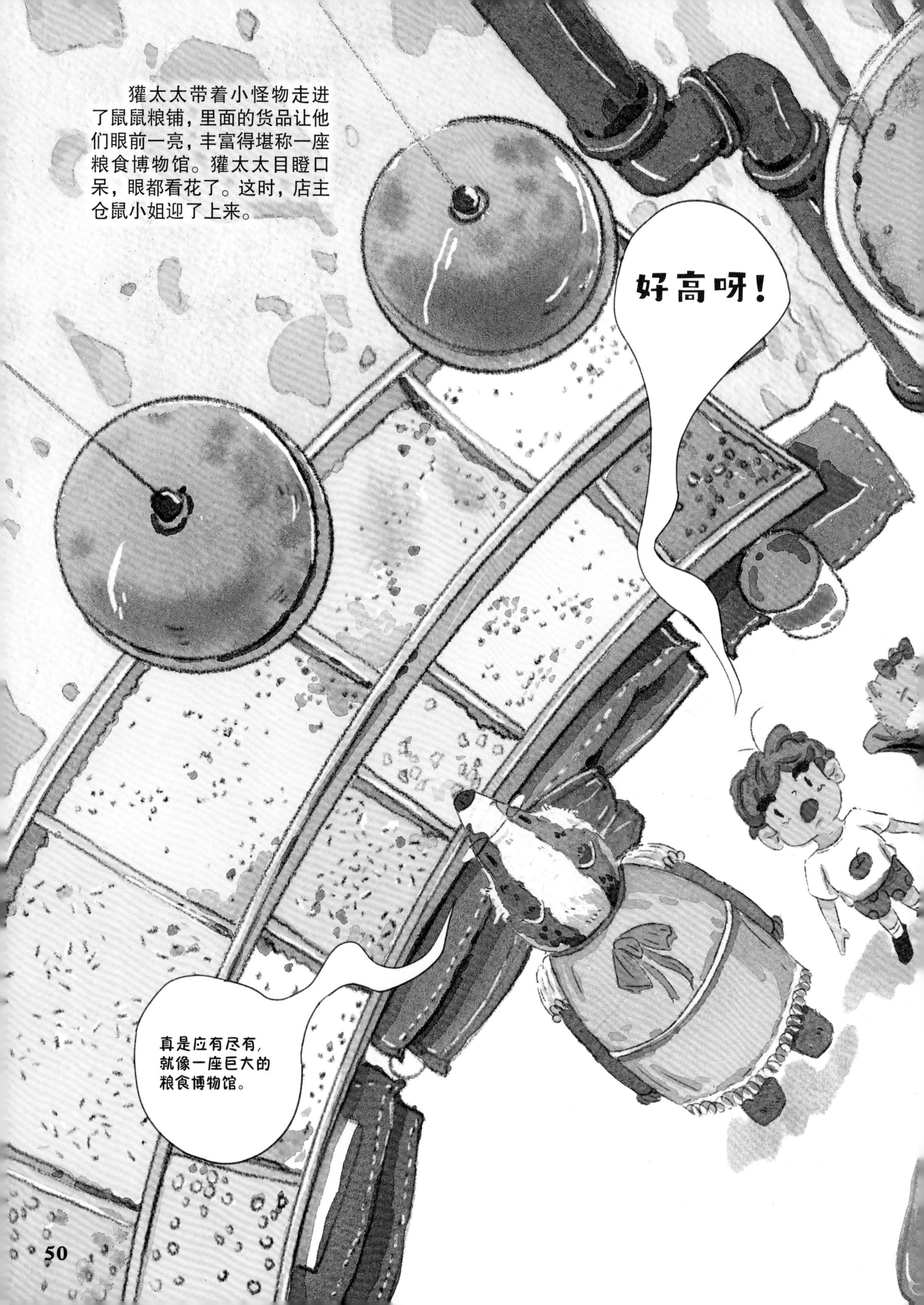
獾太太带着小怪物走进了鼠鼠粮铺，里面的货品让他们眼前一亮，丰富得堪称一座粮食博物馆。獾太太目瞪口呆，眼都看花了。这时，店主仓鼠小姐迎了上来。
好高呀！
真是应有尽有，就像一座巨大的粮食博物馆。

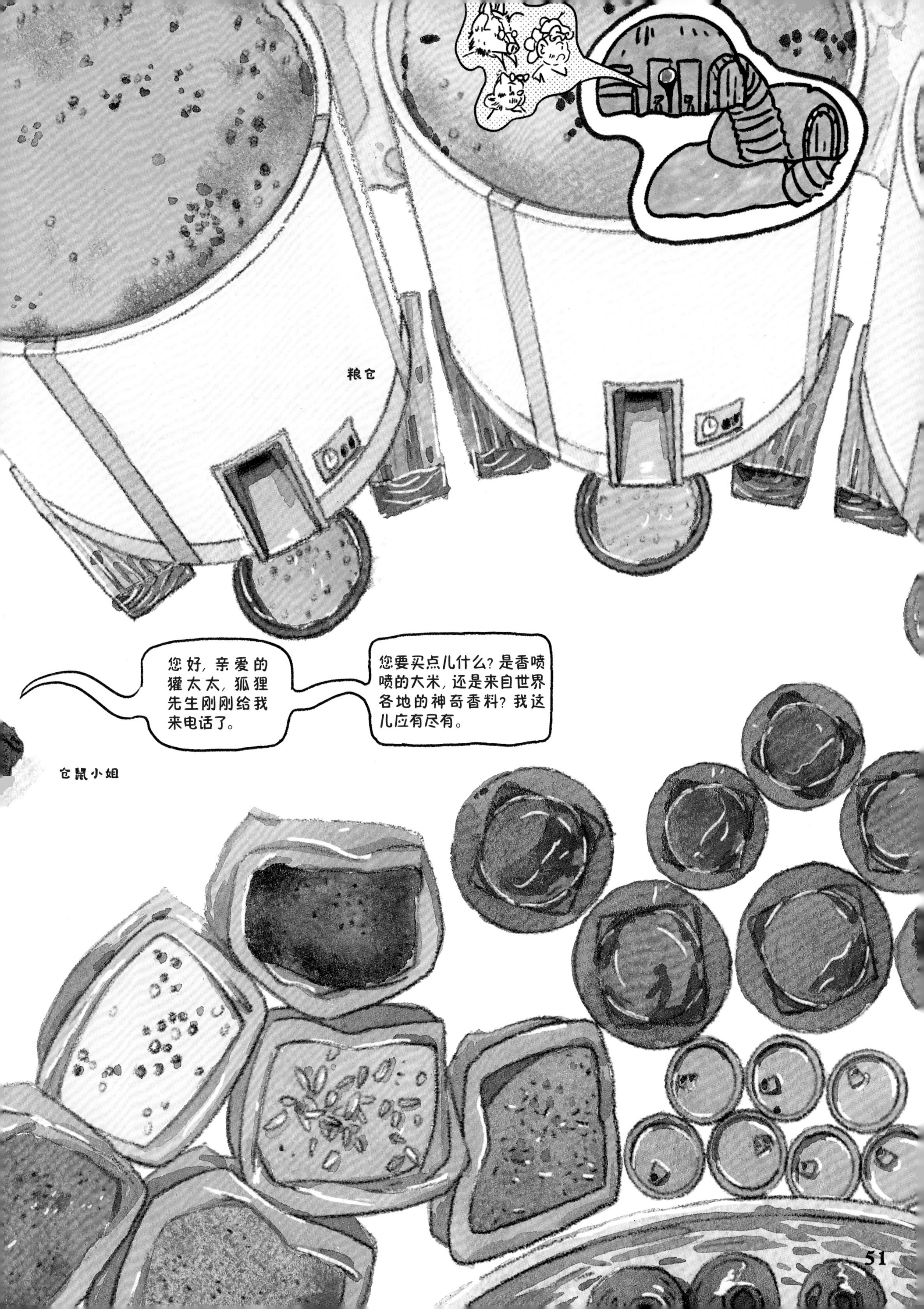

粮仓
您好，亲爱的獾太太，狐狸先生刚刚给我来电话了。
您要买点儿什么？是香喷喷的大米，还是来自世界各地的神奇香料？我这儿应有尽有。
仓鼠小姐

顺着通道走了进去，精致的调料大展柜出现在獾太太眼前。她满心欢喜，心想这下回家就能做出狐狸先生的同款美食啦！
当然，我的调料是最棒的。如果您想让菜肴的味道更好，就得用到它们了！
我听狐狸先生说您这儿的调料很不错，用来烹饪肉类食物有锦上添花的效果。

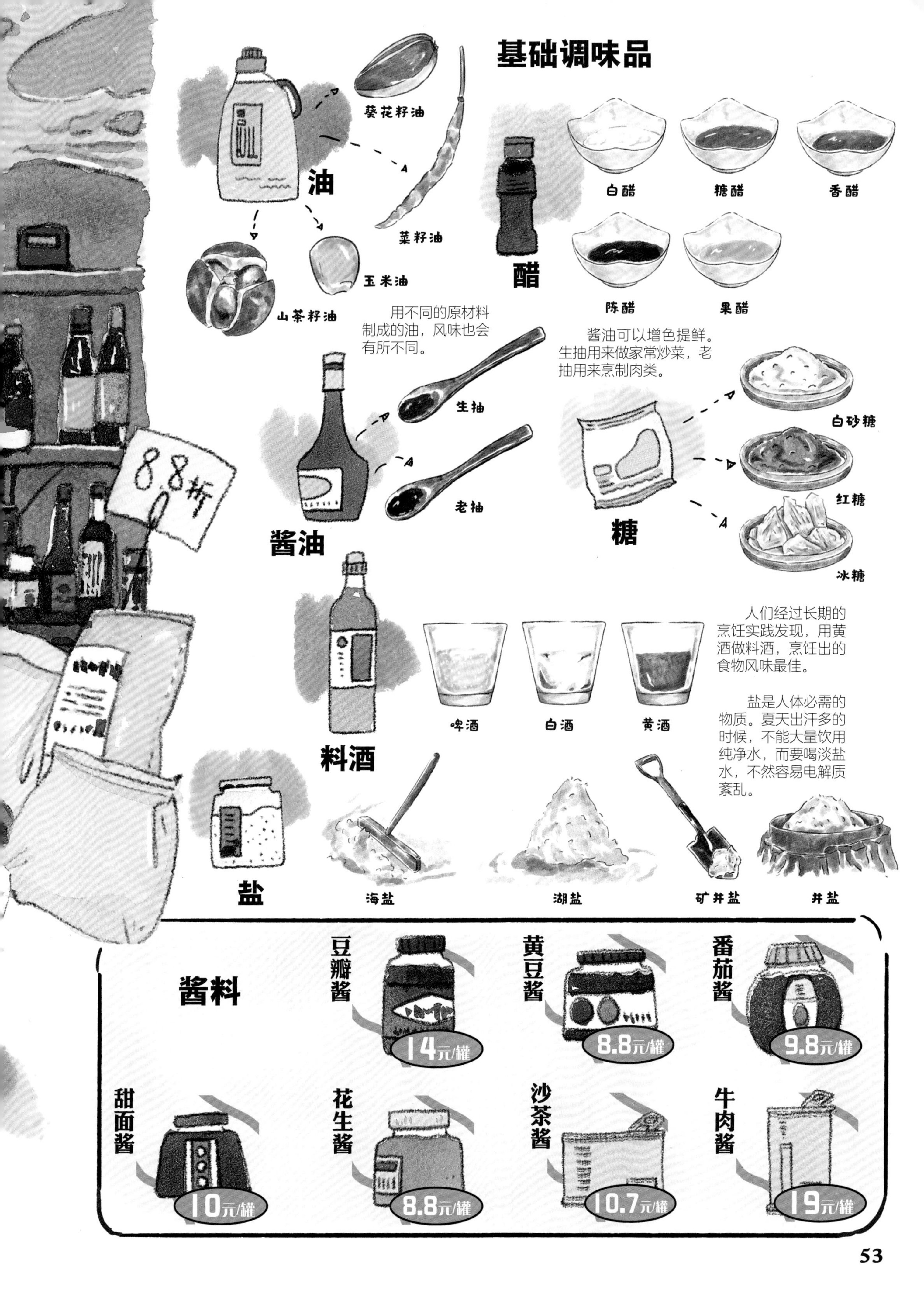
基础调味品
油
葵花籽油
菜籽油
玉米油
山茶籽油
用不同的原材料制成的油，风味也会有所不同。
醋
白醋
糖醋
香醋
陈醋
果醋
酱油可以增色提鲜。生抽用来做家常炒菜，老抽用来烹制肉类。
8.8折
生抽
老抽
酱油
糖
白砂糖
红糖
冰糖
料酒
啤酒
白酒
黄酒
人们经过长期的烹饪实践发现，用黄酒做料酒，烹饪出的食物风味最佳。
盐是人体必需的物质。夏天出汗多的时候，不能大量饮用纯净水，而要喝淡盐水，不然容易电解质紊乱。
盐
海盐
湖盐
矿井盐
井盐
酱料
豆瓣酱
14元/罐
黄豆酱
8.8元/罐
番茄酱
9.8元/罐
甜面酱
10元/罐
花生酱
8.8元/罐
沙茶酱
10.7元/罐
牛肉酱
19元/罐

顺着仓鼠小姐手指的方向，獾太太闻到了扑面而来的芳香。她又往里走了走，看见一群穿着工作服的仓鼠小弟正在搬运香料。
喷香桂皮
极品黑胡椒
原产地花椒
他们是谁？真是一群忙忙碌碌的小家伙！
这里的每一种香料，我都想要尝一尝呢！
哈哈哈，他们是我店里的工作人员。他们运的可是我们店里的“镇店之宝”——产自世界各地的各种香料。
合成香料
火锅底料
16元/件
浓汤宝
4元/盒
天然香料
花椒
25元/斤
辣椒
15元/斤

小家伙们，抓紧时间！时间不等人！
优质茴香
现任船长——仓鼠先生
仓鼠小姐的祖先是香料商人，有自己的货船，在世界各地寻找并收集这些迷人的香料。这里的每一种香料，背后都有一个传奇的故事呢！
香料是一种能被鼻子闻出气味或用舌头尝出味道的佐料。它可能是一种“单一体”，也可能是一类“混合体”。
古往今来，人们都非常青睐胡椒的味道，甚至曾经一度到了痴狂的程度。欧洲人对胡椒非常痴迷，为了掠夺胡椒还掀起过多次战争。欧洲距离胡椒的原产地——印度很远，当地又无法种植，因此，运到欧洲后的胡椒，价格堪比黄金。
八角 30元/斤
丁香 50元/斤
香叶 18.4元/斤
桂皮 8元/斤
茴香 2元/斤
草果 22元/斤

离开香料区，仓鼠小姐又带着獾太太和小怪物来到了粮仓。香喷喷的大米让小怪物食欲大开。
真香呀！咦，这儿怎么有虫子？！
这些小毛贼，就知道躲在我这儿不劳而获。米象和米蛾可真是让人头疼啊！

水稻是世界上最重要的粮食作物之一，也是东亚、东南亚和南亚等地百姓的主食。现在栽培的水稻主要分为两大变种，即籼稻和粳稻。籼米窄长，黏性较小；粳米圆短，入口黏糯。目前大多数科学家认为，这两类水稻都是由野生稻经人类驯化而来的。最早驯化野生稻的“实验田”就在长江中下游流域。

米象

粮食“大盗”，一种甲虫，喜欢吃大米、小麦等谷物。

米蛾

粮食“大盗”，一种飞蛾，喜欢吃大米等谷物。

糯米香糯黏滑，常被用来制成风味小吃，但因其不好消化，所以最好不要一次吃太多，免得消化不良。
大米是亚洲人的主要粮食之一，全世界约有二分之一的人食用大米。大米可以分为糯米、粳米和籼米。
大米
糯米
粳米
籼米
粽子
年糕
麻薯
小米
小米易被人体消化吸收，故被称为“保健米”。
黄米
黄米是糜子或黍子去皮后的制品。
玄米
玄米是由稻米脱壳而成的。它保留了粗糙的外层，颜色较精制大米更深。
小怪物，这大米可不能这么吃。我们应该把它煮熟了吃。煮熟的大米不仅软糯清香，而且更好消化。
大米其实是可以生吃的，但是，水煮能使米粒中的淀粉充分糊化，不仅口感松软、略带甜味，还更容易被消化吸收。这也是人类在文明发展过程中掌握的重要生存经验之一。
我可是“百变娇娃”！
面粉和面粉做的美食
面粉是以小麦为原材料磨制而成的，是生活中最常见的食材之一。面粉做成的食物种类繁多，风格多变。
面粉
叉烧包
肉夹馍
云吞
烧卖
馒头
饼干
面包
蛋糕
饺子
面条

这些豆子可真不错啊！
这个可不能玩儿，更不能乱吃。豆子虽然好吃，但生吃很难消化！
说话间，有一些圆咕隆咚的小豆子顺着管道滚了出来。小怪物捡起豆子开心地玩儿了起来。
小怪物听得似懂非懂。很快，他又被一旁的豆制品吸引了。

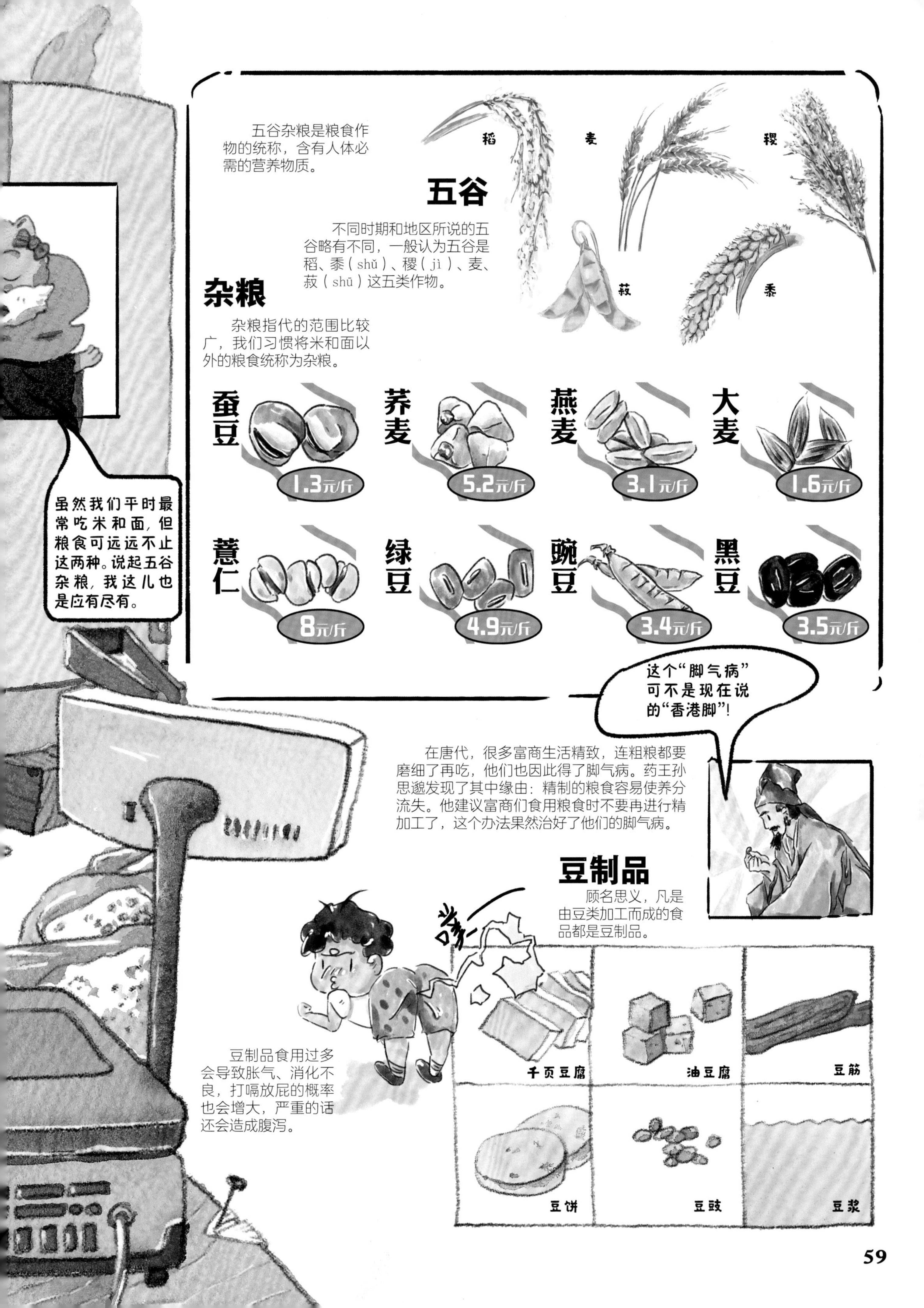
五谷杂粮是粮食作物的统称，含有人体必需的营养物质。
五谷
不同时期和地区所说的五谷略有不同，一般认为五谷是稻、黍（shǔ）、稷（jì）、麦、菽（shū）这五类作物。
稻
麦
稷
菽
黍
杂粮
杂粮指代的范围比较广，我们习惯将米和面以外的粮食统称为杂粮。
蚕豆
1.3元/斤
荞麦
5.2元/斤
燕麦
3.1元/斤
大麦
1.6元/斤
薏仁
8元/斤
绿豆
4.9元/斤
豌豆
3.4元/斤
黑豆
3.5元/斤
虽然我们平时最常吃米和面，但粮食可远远不止这两种。说起五谷杂粮，我这儿也是应有尽有。
这个“脚气病”可不是现在说的“香港脚”！
在唐代，很多富商生活精致，连粗粮都要磨细了再吃，他们也因此得了脚气病。药王孙思邈发现了其中缘由：精制的粮食容易使养分流失。他建议富商们食用粮食时不要再进行精加工了，这个办法果然治好了他们的脚气病。
豆制品
顾名思义，凡是由豆类加工而成的食品都是豆制品。
噗
豆制品食用过多会导致胀气、消化不良，打嗝放屁的概率也会增大，严重的话还会造成腹泻。
千页豆腐
油豆腐
豆筋
豆饼
豆豉
豆浆

他们继续往前走，一幅幅让人垂涎欲滴的美食图谱在他们眼前展开。店内的一角还摆着各种各样的豆制品食物模型，让人看了直流口水。

酱油最初是中国古代皇帝御用的调味品。最早的酱油是由鲜肉腌制而成，与现今的鱼露制作过程相近，因为风味绝佳而渐渐流传到民间。后来人们发现，用大豆制成的酱油与用鲜肉制成的酱油风味相似且更便宜，从此大豆酱油广为流传。

酱油 5元/斤

酱油是用黄豆、小麦、麸皮酿造而成的液体调味品，通常为红褐色，有独特酱香，滋味鲜美，可以促进食欲。酱油是由酱演变而来的，早在三千多年前，中国周朝就有制作酱的记载了。

豆腐 4元/斤

豆腐是最常见的豆制品，又称水豆腐。相传是由西汉淮南王刘安发明的。工匠通过制浆（将大豆制成豆浆）和凝固成形（豆浆在高温与凝固剂的共同作用下凝固成含有大量水分的凝胶体）这两个主要步骤来生产豆腐 。

豆浆 2.5元/斤

豆浆由豆子碾磨加水调制而成，是早餐中的常见饮品。而豆腐脑是由豆浆处理后制成的，质地更浓稠，口味既有甜的，也有咸的。

这可太棒了，我从肉铺采购了不少肉，回去要搭配起来试试！
原汁原味的食材固然好吃，但经过精心的加工，这些食材可以化身为各种各样好吃的食物。
还有什么珍藏的美味佳肴，快点儿端上来吧！让我们大饱口福！
臭—
豆豉
8元/斤
腐乳
15元/斤
豆汁
3元/碗

小怪物一边伸手指着桌上的美食，一边流着口水，和獾太太一起连连赞叹。但是，仓鼠小姐还有几样珍藏，她神秘兮兮地带着獾太太和小怪物继续往前走。

豆豉是具有中国传统特色的发酵类豆制品调味料。豆豉以黑豆或黄豆为主要原料，在毛霉、曲霉或者细菌蛋白酶的作用下，分解大豆蛋白质，达到一定程度时，通过加盐、加酒、干燥等方法，抑制酶的活力，延缓发酵过程而制成。

腐乳是我国素负盛名的传统发酵佐餐食品。它皮色鲜艳润滑，口感细腻柔糯，咸甜适口，独具风味，自古以来就是价廉味美、营养丰富的配菜。

根据文字记载，豆汁已有三百多年的历史。豆汁是以绿豆为原料，将其打碎磨浆后滤出淀粉，再将剩余残渣进行发酵而制成的，具有浓郁的气味。

葡萄酒酿造历史可追溯到距今9000—7000年前。据考证，世界上最早开始栽培葡萄的地区是小亚细亚的地中海和黑海之间的地区，以及黑海南岸地区，即今天的安纳托利亚。

之后，南高加索、中亚细亚、叙利亚、伊拉克等国家或地区也开始了葡萄的栽培，而后葡萄栽培又慢慢向欧洲及世界各地传播。作为西方文明的标志，葡萄酒在人类历史中扮演着非常重要的角色，它能舒缓疲劳、减轻病痛、消毒杀菌、美容养颜。直到19世纪晚期，葡萄酒在西方医学中都不可或缺。

酿酒的流程

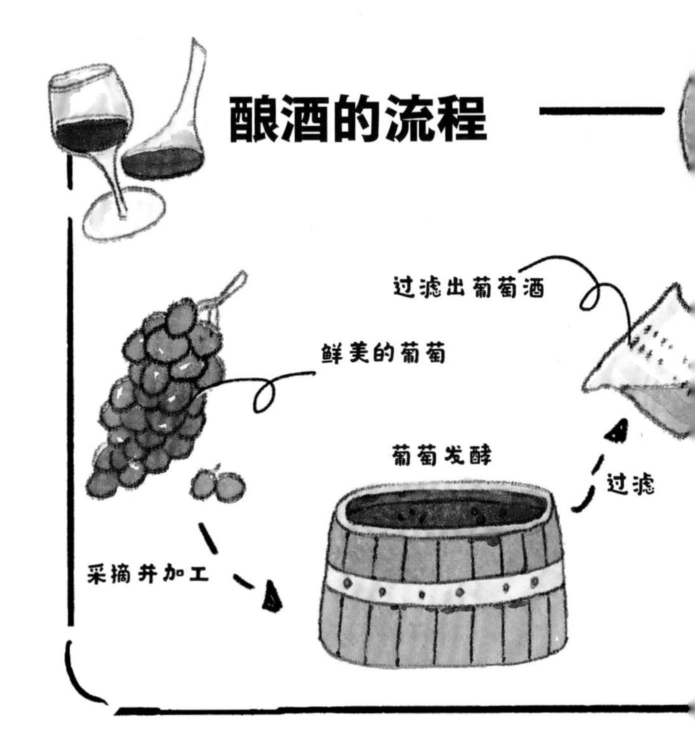

没想到地下居然还有这么一个巨大的地窖呀!
酒

一个高级酒窖呈现在獾太太眼前。里面装饰得极为豪华，存储着各式各样的酒，墙上还挂着精致的挂毯。仓鼠小姐为大家讲解着葡萄酒的酿造工艺。

酒的分类

啤酒

白酒

葡萄酒

果酒 15元/盒

黄酒 12元/瓶

药酒 699元/瓶

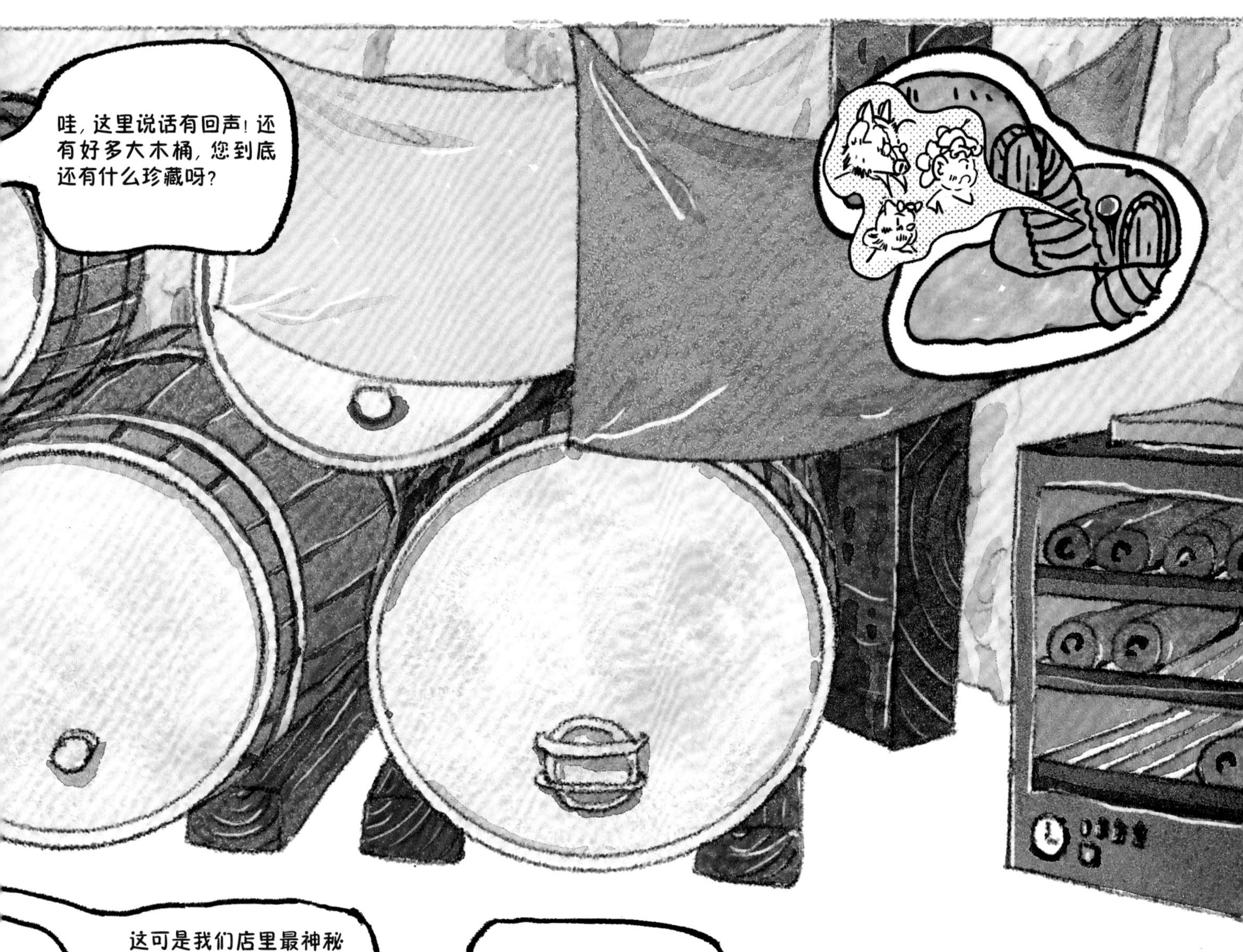

哇，这里说话有回声！还有好多大木桶，您到底还有什么珍藏呀？
这可是我们店里最神秘的地方，一般人我都不带他们来。这里珍藏着许多高档酒，进口的，国产的，应有尽有。
小怪物不能喝酒。

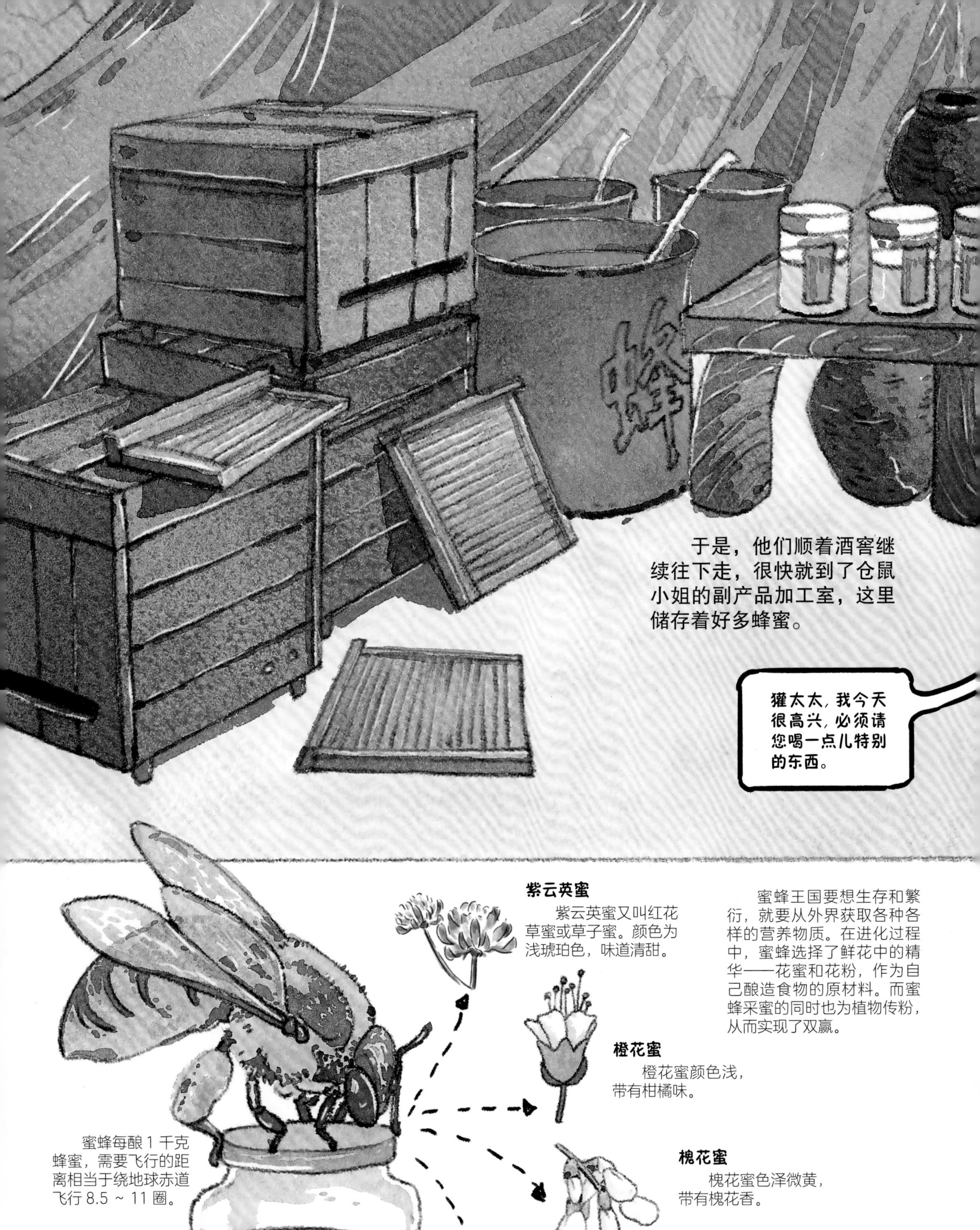

蜂
于是，他们顺着酒窖继续往下走，很快就到了仓鼠小姐的副产品加工室，这里储存着好多蜂蜜。
獾太太，我今天很高兴，必须请您喝一点儿特别的东西。

蜜蜂王国要想生存和繁衍，就要从外界获取各种各样的营养物质。在进化过程中，蜜蜂选择了鲜花中的精华——花蜜和花粉，作为自己酿造食物的原材料。而蜜蜂采蜜的同时也为植物传粉，从而实现了双赢。

蜜蜂每酿 1 千克蜂蜜，需要飞行的距离相当于绕地球赤道飞行 8.5 ~ 11 圈。

紫云英蜜

紫云英蜜又叫红花草蜜或草子蜜。颜色为浅琥珀色，味道清甜。

橙花蜜

橙花蜜颜色浅，带有柑橘味。

槐花蜜

槐花蜜色泽微黄，带有槐花香。

荞麦蜜

荞麦蜜颜色深，带有强烈的泥土味。

这蜂蜜水可太棒啦！我才不想喝让人昏头昏脑的酒呢！

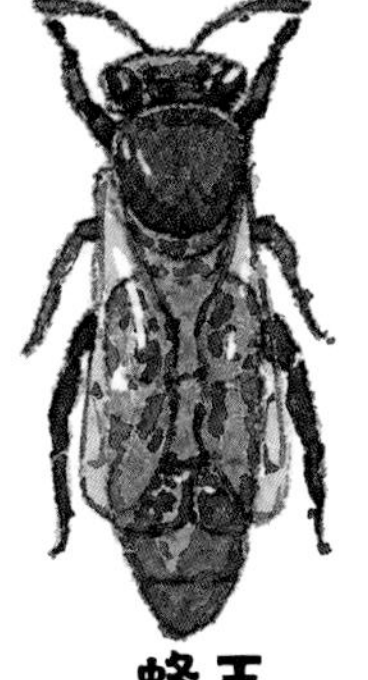

蜂王

蜂王负责繁殖后代，享有终生食用蜂王浆的待遇。

雄蜂

雄蜂负责与蜂王交配，繁殖后代。

工蜂

工蜂负责采蜜、饲喂后代和保卫家园。

蜜蜂会去各种意想不到的地方采蜜，从而造就了各种口味独特、颜色奇特的蜂蜜。比如，法国曾出现罕见的蓝色蜂蜜，真相竟是这群“大自然的搬运工”飞去附近的糖果工厂采蜜了。

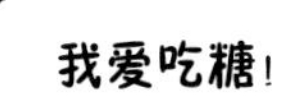

我爱吃糖！

蓝色蜂蜜

圆舞

摆尾舞

蜜蜂通过跳舞来告知伙伴蜜源的位置、距离、丰富度和鲜美程度。

蜜蜂通过跳舞的时间和相对太阳的角度来传递蜜源的位置信息。

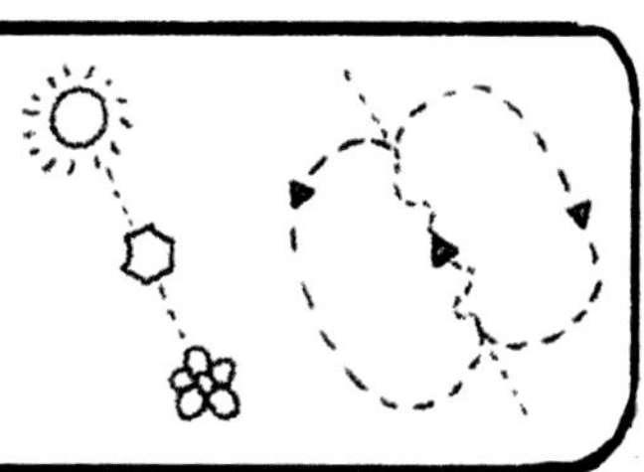

在仓鼠小姐的热情推荐下，獾太太采购了不少食材，还有各种调料。她手里还拿着仓鼠小姐送的菜谱。

仓鼠小姐的美食秘方

你可以和狐狸先生分享

云吞 的秘方

鸡架 500 克
鲜虾 300 克
盐 5 克
清水适量
云吞皮 500 克
猪肉糜 300 克
胡椒粉 2 克
青菜 1 棵

面包 的秘方

高筋面粉 250 克
盐 4 克
白砂糖 20 克
酵母 3.5 克
水 225 克
黄油 20 克
核桃碎 50 克
水果干若干
黑麦面粉 75 克

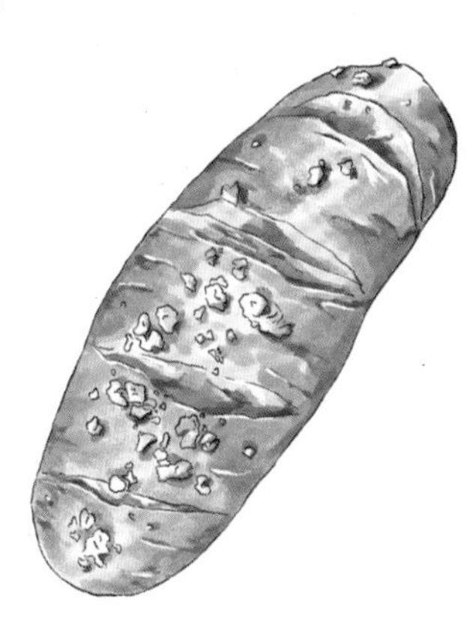

肉夹馍 的秘方

面粉 200 克
酵母 3 克
水 110 克
猪肉 200 克
彩椒 100 克
姜 3 片
小葱 1 根
花椒 1 克
香叶 3 片
桂皮 1 块
料酒 1 勺
生抽 3 勺
老抽 2 勺
盐 1 勺

粽子 的秘方

梅花肉 700 克
圆粒糯米 1000 克
生抽 2 勺
老抽 1 勺
蚝油 1 勺
盐 3 克
咸鸭蛋黄 18 个
粽叶若干

真是太好吃了！今晚我可有口福啦！
福

咚！
不着急，慢慢吃，米饭、肉汤、豆浆、蜂蜜水……我今天可学到了不少手艺呢！
我想尝尝这个，还有那个！

獾太太满载而归，蔬菜、水果、肉类、主食、调料……摆满了家里的厨房。她迫不及待地运用起刚学会的做菜知识，准备今天的晚餐。

没多久，獾太太就做出了一桌丰盛的大餐，饭菜的香味飘满了整间屋子。小怪物流着口水，一脸期待地望着眼前的佳肴。这时，门铃响了……

天哪，小怪物原来是人类小孩……
阿土哥
是谁按响了獾太太家的门铃？原来是獾先生的老朋友——黄狗阿土哥。
獾先生、獾太太，真不好意思我离开星光小镇之后就被类收养了，出门遛弯儿时不心把主人的小孩弄丢了，说他来到了您的家里……

獾太太于是邀请阿土哥一起吃饭，向他讲述了这一天奇妙的采购经历。
多亏了这个“小怪物”，我才发现镇上有这么多好地方……今天真的是收获满满的一天呢！
晚饭过后，阿土哥就把小怪物接走了。獾太太看着阿土哥带着小怪物越走越远，他们的背影逐渐消失在小镇树林的深处……